猫とくらそう

世界一わかりやすい
猫飼いスタートブック

監修 東京猫医療センター院長 服部 幸
マンガ・イラスト 卵山玉子

西東社

猫とくらすと
どうなるの？

1

幸せホルモンが出て こころが平穏になる

人は家族や親しい相手とふれあったり見つめあったりすると、脳内に幸せホルモン・オキシトシンが分泌され、こころが穏やかになることが知られています。これは人間どうしだけでなく、相手が動物でも同じ。つまり、かわいい猫と同居すれば、いつでも幸せな気持ちになれるというわけです。

オキシトシンはストレスホルモンであるコルチゾールの分泌を抑え、不安感も軽減させます。また、別の幸せホルモン・セロトニンの分泌を誘発し、相互作用で幸福感がより高まることもわかっています。

2

のどを鳴らす音を 聞くだけでストレスが減る

猫はうれしいときなどにのどをゴロゴロと鳴らします。このゴロゴロ音が、人の副交感神経を優位にし、ストレスを減らすことがわかっています。ストレスがかかる作業をさせたあとの人にヘッドフォンで猫のゴロゴロ音を聞かせると、心拍数が下がるという実験結果があるのです。これはとくに猫好きではない人も同じだそう。フランスではリラクゼーションとして「猫のゴロゴロセラピー」が知られています。

3 なんとからだも健康になる

精神的ストレスが減ると、当然からだも元気になりますし、日々猫とふれあうことでオキシトシンの効果で心拍数や血圧が安定します。猫を飼ったことのある人は飼ったことのない人に比べて、心筋梗塞による死亡リスクが約37%も低いそう。脳卒中の死亡リスクが低いというデータもあります。これも、猫がもたらす健康効果なのかもしれません。

4 ツンデレに振り回されて脳活もできる

2020年の実験では、猫とふれあうと脳の前頭前野が活性化することもわかりました。特筆すべきは、猫が人の思い通りに動いてくれないときに最もよく活性化したこと。つまり、意のままにならない猫に対して「どうすればうまく動いてくれるか」とあれこれ頭を巡らせることが脳活になるのです。

参考文献：Nagasawa, T.; Ohta, M.; Uchiyama, H. Effects of the Characteristic Temperament of Cats on the Emotions and Hemodynamic Responses of Humans. *PLoS ONE* 2020, *15*, e0235188.

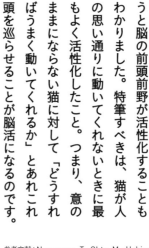

5

家族の話題がふえる

思いもよらぬイタズラをしたり、おまぬけでかわいい姿を見せてくれたり……猫がいると、「今日、〇〇がね」と自然に家族間の話題がふえ、家庭が明るい雰囲気になるという声が多く聞かれます。なかには家族でケンカをしているときに猫の鳴き声ではっと我に返り、「愛する猫のためにケンカをやめよう」となるおうちも。子は鎹《かすがい》ならぬ、猫は鎹ですね。

6 毎日のリズムが自然にととのう

ときに朝寝坊したい朝があっても、おなかが空いた猫はかまわず朝ごはんを要求してきます。顔をなめたり、体の上に乗ったり。しまいには高いところからダイブして起こす猫もいます。たいていの人は根負けして起きざるを得ません。よって不規則な生活を送っていた人も自然と規則的になります。扶養家族がいる人間は、だらしない毎日を過ごせないのです。

7 片づけ上手になる

猫とくらしてよかったこととして「室内をより片づけるようになった」ことを挙げる人がいます。大事なモノにイタズラされないためには、猫が手を出せない場所に収納しなければなりませんし、猫が誤って飲み込まないように小さなモノも片づけなければなりません。結果、部屋がすっきりきれいになるというわけ。好奇心旺盛な猫とのくらしが、人の片づけ能力をぐんと向上させるのです。

つまり、
猫とくらすと
幸せに
なれるのです！

どんな人が猫の飼い主に向いている？

こんな人は猫といっしょにくらすのに適しています。
あてはまるところ、あるでしょうか？

相手のペースを尊重できる人

猫は野生では単独で生活する動物。つまり、「相手に合わせる」という気質は基本的にありません。甘えたいときに甘え、そうでないときには放っておいてほしい。そんな、人間から見れば気まぐれすぎる猫を「あ、いまそういう気分なのね」と受け止め、尊重できる人は猫の飼い主に向いています。

家でゴロゴロするのが好きな人

猫は基本、室内飼い。犬とちがって散歩の必要もありませんから、部屋でゆっくり本を読んだり映画を観たりするのが好きな人にとっては、よき相棒となってくれます。いっしょに昼寝するのにもうってつけです。

繊細なところがある人

喜怒哀楽の表現が激しい犬と比べて、猫の感情表現は控えめ。ちょっとしたしぐさや行動のちがいに気づき、異変を察することができる人は猫のよき飼い主になれるでしょう。

繊細ゆえに傷つきやすい人も大丈夫。人間社会での疲れを猫が癒してくれることもわかっています。猫の動画を見る人が多いのは、疲れを癒す効果があるからなんです。

決まった相手と親交を深めるのが好きな人

大勢でワイワイやるより、いつもの人とのんびり過ごすほうが好き。そんな人は猫の飼い主に向いているかもしれません。決まったなわばりで過ごす猫は、いつもと同じ平穏な毎日が一番幸せ。初対面の相手は苦手ですが、見知った相手には深い愛情を見せます。

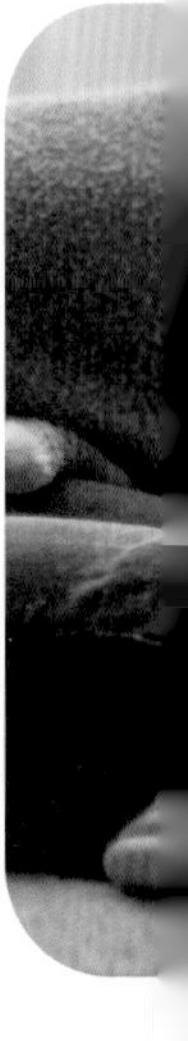

猫ぐらしに必要な覚悟って？

さてさて、幸せをたくさんくれる猫とのくらしですが、
覚悟しなければならないこともやはりあります。
はじめに伝えておきますね。

どんなに高いところも上がります

ジャンプ力がある猫は、天井近くの棚やカーテンレールの上にも乗ってしまいます。普通の住宅なら、乗れないところはないといっていいほど。猫に壊されたくないものは高い場所に置くだけでは不十分。鍵つきの棚などにしまう必要があります。

モノを落とします

モノをちょいちょいと前足でつついて落としてしまうのは猫の習性のひとつ。なにしろ「ちょっかいを出す」という言葉の語源なのです。猫に悪気はなく、落としてソレが生きているのかどうか確かめているという説も。大事なモノは壊されないようしまっておきましょう。

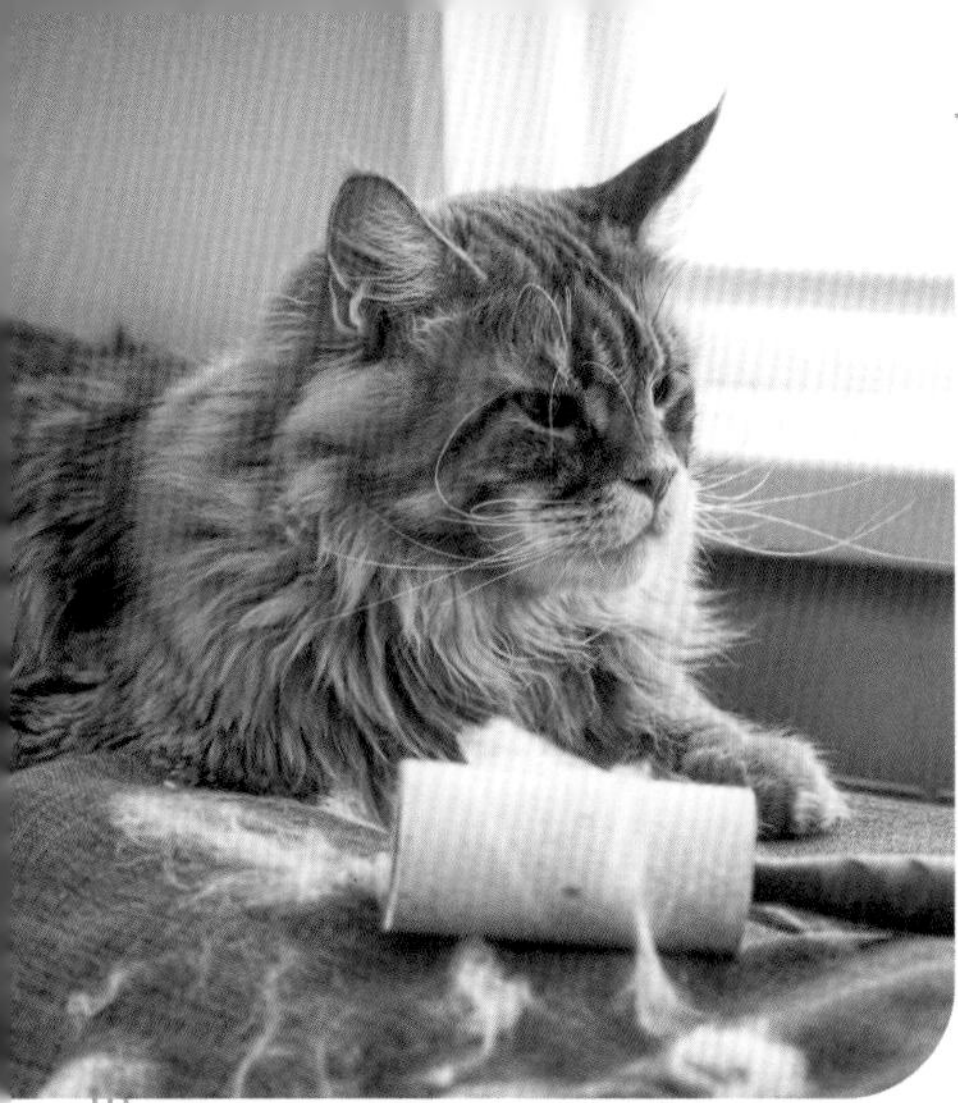

毛まみれになります

モフモフが猫の魅力であるだけに、部屋中毛まみれになるのは致し方ないこと。ブラッシングをこまめに行えば、部屋に舞い落ちる抜け毛を減らすことができます。抜け毛専用の掃除道具もあります。

壁や家具で爪とぎするかも

爪とぎは猫の本能。爪とぎ器だけでとぐ猫もいますが、壁やソファでといじゃう猫もいます。爪とぎできないシートを貼るなどの対策はあるものの、完璧に防げる方法はないのが実情。「猫が満足ならそれでいい」くらいの大らかさが必要です。

犬のようにしつけることはできません

犬は野生では群れでくらすため、リーダーに従う習性があります。飼い主の言うことに従うことができるのはそのため。いっぽう猫は野生ではひとりで生きる動物。誰かに従う習性はなく、「コレやっちゃだめ」などと教えてしつけることはできません。

もくじ

Part 1 どんな猫とくらしたい？

Part 2 猫が快適なくらしとは？

Part 3 猫とぐっと仲良くなろう

Part 4

元気で長生きしてもらおう

レポートマンガ

コラムページ

掲載商品お問合せ先

Ⓐ猫壱
https://www.necoichi.co.jp/

Ⓑライオンペット
https://www.lion-pet.co.jp/

ⒸOPPO
https://t-oppo.jp/

Ⓓボンビアルコン
https://bonbi-pets.jp/contact

Ⓔトレッタキャッツ
https://jp.tolettacat.com/

Ⓕ大倉 HESTAモール
https://okura.co.jp/ec/o/

ⒼRABO
https://rabo.cat/

Ⓗエイトワークス
https://eight-works.com/

ⒾPEPPY
https://www.peppynet.com/

Ⓙ明和グラビア
http://www.mggn.co.jp/

Ⓚトーラス
http://www.taurus-net.co.jp/

ⓁDAIKEN
https://www.daiken.jp/

Ⓜsangetsu
https://www.sangetsu.co.jp/

Ⓝdinos
https://www.dinos.co.jp/r/dinosnekotokurasou/

※掲載商品は改定や販売終了していることがあります。
ご了承ください。

は〜かわいい…
私も猫とくらしたいなぁ
ナナコ（会社員）
あのシルエットは
…猫ちゃん!?
なでたい…!!
君だね？
最近猫とくらしたい欲を
爆発させている人は
しゃべったー!!
ボクは
猫の国から来た
ニェルフ
猫の正しい飼い方を
広めるべく、猫神様から
遣《つか》わされた妖精だよ
よ…
ようせい!?
よい飼い主になるためには
正しい知識が必要！
さあ、行くよ！
えっ？
えっ!?
トコ
トコ
トコ
あ、
徒歩なんだ
つづく

Part 1

どんな猫とくらしたい？

マンガ

まずはイメージを固めよう

どんな猫と、どんなくらしをしたいでしょうか。家族とも話し合いましょう。

あと、猫を飼うっていうと子猫を想像することが多いけど
あえて成猫を迎えるのもおすすめ！
成猫なら…
性格がわかりやすい
落ち着いていて、子猫ほど手がかからない
お留守番が安心
絶対に子猫がいい！ってわけじゃないんだけどさ…
成猫から懐いてくれるかな？
そこが心配〜…
もともと人懐っこい子なら大丈夫だよ
むしろ成猫は性格がわかりやすいというか
幼い子猫は自我が目覚めてなくて性格がよくわからないことも多いかな
おっとり？
活発？
あっ、あとね
茶白の毛色がかわいいな〜って思ってて
個人的な好み♡
あー
遺伝的に茶トラや茶白のメスって少なくてね
黒色が入って三毛やサビになったりする
いないことはないけどちょっと珍しいんだよ
出会えるといいね
そうなんだ
ニェルフはオスメスどっちなんだろう？
テレビつけていい？
猫かも怪しい…
いや妖精なのか
つづく

予備知識

猫ってどんな動物？

猫のルーツをたどってみましょう。猫への理解がぐんと深まります。

野生のリビアヤマネコが猫の祖先

　猫の祖先はいまもアフリカなどに生息するリビアヤマネコ。基本的に単独で生活し、固有のなわばりを作ってネズミなどの小動物を狩ってくらす動物です。現在、世界中にいる猫（種名：イエネコ）はリビアヤマネコと遺伝子がほぼ変わらず、祖先の性質を色濃く残しています。動くおもちゃに反応したり、あちこちに頬をこすりつけてマーキングしたりするのも野生の血がなせるわざです。

　猫が人とくらすようになったのは、諸説ありますが3500年ほど前

獲物を狩る動物

げっ歯類などの小動物を狩って食すリビアヤマネコが祖先。狩りのスタイルは待ち伏せ型で、しげみなどに潜み、近くまで来たら飛び掛かかって一気にしとめます。

完全な肉食動物

獲物を狩って食す生活をしていた猫は、当然肉食。犬も祖先は肉食でしたが、人間とくらすうちに穀物も食べられるように変化。いっぽう猫は昔のまま変わっていません。

の古代エジプトという説が有力。ちなみに人が猫を捕らえて飼い慣らしたわけではありません。人々が農作で得た穀物を狙ってネズミが集まり、それを狙って猫が集落に近づいたのです。やっかいなネズミを駆除してくれる猫を人々は歓迎。猫にしても集落にいれば食べ物に困らないし人がかわいがってくれるしでいいことづくめ。こうして猫は人に寄り添って生きるようになったのです。

1日の睡眠時間は10時間以上

「猫」の語源は「寝る子」といわれるほど、猫はよく眠る動物。成猫でも1日に10時間以上、子猫や高齢猫はさらに長時間眠ります。狩りのための体力を温存しているのです。

なわばりを作る動物

決まったなわばりを作る習性をもつ猫。なわばりはつねにパトロールをし、異変がないかチェック。なわばり主張のためになわばり内のものに頬から出る分泌物をこすりつけたり、オシッコをかけたりします。

ひとりで生きる動物

なわばり内に複数の猫がいては獲物の取り分が減り共倒れになってしまいます。そのため猫は基本的に単独生活。群れでくらす動物とちがい、協調性などはなく気まぐれです。

選び方のコツ

カテゴリー別に考えよう

性別は？ 年齢は？ カテゴリーに分けて具体的に想像してみましょう。

オスかメスか

オス

- メスより体格や顔が大きく、ガッチリしている
- なわばり意識が強く、オスどうしは争いがち
- 性格は甘えん坊な子が多い

性別は毛柄とも関係しているよ。三毛やサビは基本メスだよ

メス

- オスより小柄でしなやかな体つき
- なわばり意識はオスより弱く、オシッコマーキングなどの問題は少ない
- 性格はおとなびてクールになる子が多い

純血種かミックスか

純血種

- 猫種による体格や毛色の特徴が明確
- 性格も猫種によって傾向がある
- 猫種によってかかりやすい病気がある
- 入手費用は5万〜数十万円かかることも

→P.024　人気の猫種 図鑑

ミックス

- 両親が不明なことが多く、特徴や性格は予測できない
- 個性的な毛柄の猫も多い
- 純血種より遺伝病は少ない
- 入手費用は純血種より安価
- 日本の飼い猫の8割はミックス

個性の宝庫！

子猫か成猫か

成猫

- 落ち着いた生活ができる
- 活発、おとなしめ、シャイなど
  性格はすでにはっきりしている
- 体調は子猫より安定している
- 新しい環境に慣れるのに
  子猫より時間がかかる

子猫

- やんちゃでイタズラ好き。
  楽しい反面、
  騒がしく落ち着かないことも
- 成猫より新しい環境に早く慣れる
- 成猫よりお世話に手間がかかる
- 体調を崩すと重症化しがち

短毛か長毛か

短毛

- 活発な猫が多い
- 長毛種よりブラッシングなどの
  お手入れは少なくて済むことが多い
- 抜け毛の多い猫種もいる

長毛

- おっとりした猫が多い
- ブラッシングやシャンプーなど
  体のお手入れに手間がかかる
- 暑さに弱いことがある

とはいえ直感も大切

頭の中で思い描いていた理想の猫と、実際に会って惹かれる猫が、まったくちがうタイプというのはよくあることです。猫との出会いは縁と運。理想は脇に置いておいて、目の前のご縁を大事にしましょう。性別や猫種、年齢ならではの傾向を理解したうえで、その猫を生涯大切にしてあげてください。

あなたのくらしに合うのは？

人気の猫種 図鑑

毛の質や長さ、体格がある程度決まっていて、性格も想像しやすい純血種。
特徴がある猫だからこそ、いっしょにくらす人との相性も大事です。

「かわいさ」だけを決め手にしない

たとえば留守が多い家では、たくさん遊んであげたい猫種や、こまめにお手入れをしたい猫種は向きません。見た目と性格の好みだけで決めず、その猫種に必要なお世話と家族のくらしが合っているかを、迎える前によく考えましょう。また、猫種ごとに好発《こうはつ》しやすい（かかりやすい傾向がある）病気を知っておくと、もしも発症した場合にいち早く気づいてあげられます。

アビシニアン

サイズ	小さい	●●	大きい
活発度	低い	●	高い
お手入れ	普通	●	頻繁に

発生：自然発生種　毛種：短毛

ルーツ：1870年代、エチオピアからイギリスへ。

特徴：柄はアグーティタビー（P.033）。大きな耳とアーモンド型の目が印象的です。引き締まった体で運動能力は抜群。鳴き声は小さめです。

知っておこう

運動量が多いうえ、飼い主さんへの独占欲が強いので、1匹に対して、しっかり遊んであげられる人向き。血液の遺伝性疾患のリスクがあり、発症すると貧血を起こします。

アビシニアンから派生した猫種

ソマリ

サイズ	小さい	●●	大きい
活発度	低い	●	高い
お手入れ	普通	●	頻繁に

発生：突然変異種　毛種：長毛

アビシニアンからときどき生まれるセミロングの猫を、品種として固定。体質や気質はアビシニアン似。

協力：服部幸正
（TICA公認審査員）

参考文献：『猫の品種別 疾患ガイド』
（服部 幸 他・編集／エデュワードプレス）

純血種の発生のタイプは3種類

自《し》然《ぜん》発《はっ》生《せい》種《しゅ》

年月をかけてその土地の風土に合う特徴をもった土着猫を、猫種として固定したタイプ。

突《とつ》然《ぜん》変《へん》異《い》種《しゅ》

特徴的な外見をもつ猫が偶然生まれた際に、その特徴を人の手で固定させたタイプ。

交《こう》配《はい》種《しゅ》

人が理想的な猫種を作るために、猫種どうしを掛け合わせて新たに誕生させたタイプ。

アメリカンカール

サイズ	小さい		●		大きい
活発度	低い			●	高い
お手入れ	普通		●		頻繁に

発生：突然変異種　毛種：短毛・長毛

ルーツ：1981年、南カリフォルニアで偶然生まれた耳の軟骨が変形した子猫。

特徴：反り返った耳が最大の特徴。物怖じしない人懐っこい性格で、初対面の人にも甘えることが多いようです。声は小さめです。

知っておこう

耳に汚れが溜まりやすいので、こまめな耳掃除を。耳の軟骨は意外と硬いので、不自然な方向に曲げないように注意しましょう。

アメリカンショートヘア

知っておこう

ストレスを溜めさせないように、十分に遊んであげましょう。肥大型心筋症や、喘息、気管支炎などにかかりやすい傾向があるので、呼吸の異常に気づいたらすぐに受診を。

サイズ	小さい		●		大きい
活発度	低い			●	高い
お手入れ	普通	●			頻繁に

発生：自然発生種　毛種：短毛

ルーツ：イギリスに土着。移民とともにアメリカ大陸へ。

特徴：運動量が多く、体も足も筋肉質。一世を風靡したクラシックタビー(P.033)以外にも、毛色や柄はさまざま。適応力が高くて、初心者が迎えやすい猫種として人気です。

シャム（サイアミーズ）

知っておこう

ほかの猫に対して神経質になりやすいことがあるため、複数飼いを考える場合、猫どうしの相性に注意が必要です。また寒さが苦手なので、冬は冷え対策を念入りにしましょう。膵炎《すいえん》やリンパ腫などにかかりやすい傾向があります。

サイズ　小さい ●━● 大きい
活発度　低い ● 高い
お手入れ　普通 ● 頻繁に

発生：自然発生種　毛種：短毛

ルーツ：古くから、タイに土着。
特徴：柄はポインテッドで、目色は深いブルー。V字の小さな顔にしなやかな体、先端が細いしっぽから上品さが漂いますが、性格は活発でよく鳴いて甘えます。

シンガプーラ

サイズ　小さい ● 大きい
活発度　低い ● 高い
お手入れ　普通 ● 頻繁に

発生：自然発生種？　毛種：短毛

ルーツ：シンガポールの土着猫など諸説あり。
特徴：柄はアグーティタビー（P.033）。世界最小の猫種・トイボブに次ぐ小ささです。物静かながら、深い愛情を見せます。

知っておこう

飼い主さんへの独占欲が強く、十分にかまえる人向きです。暖かい環境に適した被毛なので、寒さ対策は万全に。網膜に異常をきたす遺伝性疾患が多い傾向があります。

毛がないようで、
産毛があります

スフィンクス

「ヘアレス」「無毛」といわれますが、じつはまったく毛がないわけではなく、見えにくい産毛で覆われています。とはいえ、ちょっと引っかかれるだけでも皮膚が傷ついてしまうので注意。

スコティッシュフォールド

サイズ	小さい	●	大きい
活発度	低い	●	高い
お手入れ	普通	●━●	頻繁に

発生：突然変異種
毛種：短毛・長毛

ルーツ：1960年代、スコットランドで偶然生まれた折れ耳の猫。

特徴：特徴的な折れ耳（立ち耳もいます）が人気。顔は丸く、足やしっぽは太めです。優しく温和な性格。

知っておこう

折れ耳は汚れが溜まりやすいので、こまめに拭き取りを。骨軟骨《こつなんこつ》異《い》形成症《けいせいしょう》という遺伝性疾患は折れ耳の猫に多く、関節の痛みが出たらケアが必要です。慢性腎臓病のような症状が出る多発性のう胞腎、肥大型心筋症のリスクも。

ノルウェージャンフォレストキャット

サイズ	小さい	●	大きい
活発度	低い	●	高い
お手入れ	普通	●	頻繁に

発生：自然発生種　毛種：長毛

ルーツ：古くからノルウェーの森に土着。

特徴：鼻筋が凛々しく、筋肉質で大きな体。水弾きのよい上毛と保温性の高い下毛は、雪国で生き抜いてきた証。

知っておこう

体の成熟に数年かかるので、成長に合わせた適切な栄養管理が大事です。暑さに弱いので、熱中症対策は入念に。肥大型心筋症などの遺伝性疾患のリスクがあります。

ブリティッシュショートヘア

知っておこう

太りやすいので、正しい食事と運動で管理しましょう。日本では珍しいB型の血液型が多いので、輸血が必要となった場合に備えて動物病院で調べておくと安心。

サイズ	小さい	大きい
活発度	低い	高い
お手入れ	普通	頻繁に

発生：自然発生種　毛種：短毛

ルーツ：2世紀にローマからイギリスへ持ち込まれたなど諸説あり。

特徴：古くからネズミ退治役として活躍。骨太で筋肉質な体に、愛嬌いっぱいの丸い顔です。一番人気はブルーの毛色。賢くて落ち着いていますが、甘えん坊な面もあります。

知っておこう

舌が短くて毛づくろいが苦手なので、頻繁なブラッシングが必要です。涙焼けや鼻詰まりもしやすいので注意。ほかにも多発性のう胞腎などの遺伝性疾患のリスクがあります。

ペルシャ

サイズ	小さい	大きい
活発度	低い	高い
お手入れ	普通	頻繁に

発生：自然発生種　毛種：長毛

ルーツ：イランやアフガニスタンの土着猫など諸説あり。

特徴：気品溢れる、ふさふさの柔らかい毛並みです。丸い目と少しつぶれた"鼻ぺちゃ"で、横から見ると顔は平ら。一般的には、穏やかで温和な性格です。

ペルシャから派生した猫種（交配種）

ベンガル

サイズ　小さい ●　大きい
活発度　低い　● 高い
お手入れ　普通 ●　頻繁に

発生：交配種　毛種：短毛

ルーツ：1960年代、アメリカでヤマネコと猫を掛け合わせて誕生した子猫。

特徴：柄はスポッテッドタビーかマーブルドタビー（P.033）。見た目の印象とは裏腹によく甘えますが、緊張時は野性的な面を見せることも。

知っておこう

とくに運動量が多いので、たくさん遊べる人向き。胸骨が変形して心臓や肺を圧迫する漏《ろう》斗《と》胸《きょう》などの遺伝性疾患のリスクがあります。マーキングが多いという報告も。

ペルシャ
×アメリカンショートヘア等

エキゾチック（エキゾチックショートヘア）

サイズ　小さい ●　大きい
活発度　低い ●　高い
お手入れ　普通 ●　頻繁に

毛種：短毛

おとなしい猫が多いですが、短毛種らしい活発な一面も。ペルシャと同じく、涙焼けや鼻詰まりに注意。

ペルシャ
×シャム

ヒマラヤン

サイズ　小さい ●　大きい
活発度　低い ●　高い
お手入れ　普通　● 頻繁に

毛種：長毛

柄はポインテッドで、目色はブルー。血統登録団体によっては、ペルシャのバリエーションの一種とされています。

ペルシャ
×マンチカン

ミヌエット

サイズ　小さい ●　大きい
活発度　低い ●　高い
お手入れ　普通 ●　頻繁に

毛種：短毛・長毛

血統登録団体によっては公認されていない、新しい猫種。顔は丸く、マンチカンと同じ短足です。

マンチカン

サイズ　小さい　大きい
活発度　低い　高い
お手入れ　普通　頻繁に

発生：突然変異種
毛種：短毛・長毛

ルーツ：1983年、アメリカで偶然生まれた短足の子猫。

特徴：4本足すべてが短いですが、じつは瞬足。猫らしい高いジャンプは苦手なものの、好奇心旺盛に走り回る姿に人気が集まります。

知っておこう

短い足でも上下運動がしやすいように、段差を増やしてあげましょう。漏斗胸や多発性のう胞腎などの遺伝性疾患のリスクがあります。

メインクーン

サイズ　小さい　大きい
活発度　低い　高い
お手入れ　普通　頻繁に

発生：自然発生種?　毛種：長毛

ルーツ：11世紀ごろ、ヴァイキングの船に乗った猫が各地の土着猫と交配してアメリカに渡ったなど諸説あり。

特徴：世界最大の猫種のひとつで、オスは10kgを超えることも。尖った耳の先にピンと生えた毛など見た目は野性的ですが、温和で優しい性格です。

知っておこう

十分に運動できる広い室内環境が必要です。体の成熟に数年かかるので、成長に合わせた適切な栄養管理も大事。肥大型心筋症などの遺伝性疾患のリスクがあります。

ラグドールから派生した
新しい猫種

ラグドール

サイズ	小さい	●●	大きい
活発度	低い	●	高い
お手入れ	普通	●	頻繁に

発生：交配種　毛種：長毛

ルーツ：正確には不明。1960年代に血統登録団体に登録。

特徴：柄はポインテッド(P.034)やポインテッド＋白。目色はブルー。柔らかな毛並みと、のんびりした動作がぬいぐるみのよう。激しく遊ぶより、人に甘えるのを好みます。

知っておこう

下毛が少なく手触りのよい美しい毛は、1日2回以上のブラッシングが必要。肥大型心筋症や、ストルバイト結石の尿石症などにかかりやすい傾向があります。

ラガマフィン

サイズ	小さい	●●	大きい
活発度	低い	●	高い
お手入れ	普通	●	頻繁に

発生：交配種　毛種：長毛

大きな体と豊かな被毛、穏やかな性格は、ラグドール譲り。

ロシアンブルー

サイズ	小さい	●	大きい
活発度	低い	●	高い
お手入れ	普通	●	頻繁に

発生：自然発生種　毛種：短毛

ルーツ：ロシアの港町に土着。

特徴：先端がシルバーに輝くブルーの毛色。目色はグリーン。上向きの口角は「ロシアンスマイル」と呼ばれます。小さな鳴き声で物静かですが飼い主さんには懐きやすいです。

知っておこう

繊細で内気な性格の場合、来客時のストレスに配慮しましょう。喘息や気管支炎などを発症しやすい傾向があります。呼吸の異常を見逃さないで。

十猫十色のヒミツもわかる♡

毛色と柄 図鑑

毛色や柄のバリエーションを遺伝子のしくみから解説します。

遺伝子のチカラでいろんな毛色や柄に

猫の毛色は、「黒（ユーメラニン）」と「赤（フェオメラニン）」のメラニン色素だけで作られています。それなのに、毛色も柄もバラバラなのは、毛色や柄に影響を与える遺伝子に種類があるから。その猫がもつ遺伝子によって、赤だけ・黒だけが現れたり、両方の色をもったり、色が薄まったりと、さまざまに変化するのです。

いわゆる“トラ柄”

マッカレルタビー

すべての猫の毛色と柄の原点！

キジトラ

（ブラウンマッカレルタビー）

茶色の地色に、黒のトラ柄のしま模様。猫の祖先「リビアヤマネコ」にそっくりな保護色です。あとから誕生した遺伝子の影響を受けていません。

毛色を赤くする遺伝子をもつと…

↓

茶トラ

（レッドマッカレルタビー）

黒のメラニン色素を抑える遺伝子によって、赤っぽいしま模様に。この作用をもつ遺伝子は、性別を決める性染色体にも関わりがあり、確率的に茶トラはメスよりもオスのほうが多くなります。

毛色をシルバーにする遺伝子をもつと…

↓

サバトラ

（シルバーマッカレルタビー）

赤のメラニン色素が抑えられて、銀色っぽいしま模様に。洋猫との交配でじょじょに数が増えましたが、日本のマッカレルタビーのなかでは数は少なめ。

無地1色

ソリッド

白猫の子猫は、毛色や柄が頭に現れることも。これを「キトンキャップ」と呼びます。

白（ホワイト）

全身の毛色や柄を消す遺伝子をもつと、ほかにどんな毛色や柄の遺伝子をもっていても白猫になります。

グレー（ブルー）

子猫のうちは、潜在的にもっているしま模様がしっぽや体に現れる「ゴーストタビー」が見られることも。

← 色を薄くする遺伝子をもつと… ―

黒（ブラック）

毛の1本1本を黒くする遺伝子の働きで、全身が黒に。平安時代初期の天皇の日記にも愛猫の黒猫が登場。国内で猫の毛色について書かれた最も古い記録です。

マッカレルタビー以外にこんなしま模様もあります

スポッテッドタビー

体に斑点模様。ベンガル、オシキャット、エジプシャンマウなどで見られます。

マーブルドタビー

大理石（マーブル）状のしま模様をもつベンガルもいます。

クラシックタビー

欧米に多い、太いしま模様。体の側面のうず巻きは「ターゲットマーク」や「ブルズアイ」と呼びます。

アグーティタビー（ティックドタビー）

東南アジアに多い、細かいしま模様。額にM字が入り、口元は白っぽくなります。

サビと三毛は基本的にメスだけ

メスの性染色体（XX）でしか、赤と黒の両方の毛色は現れません。ごくまれにオスでも誕生するのは、特殊な性染色体をもつ場合。

2色のモザイク模様

サビ（トータシェル、トーティ）

トータシェルは「べっ甲」の意味。赤と黒が入り混じります。顔の中心で左右に赤と黒が分かれることがあり、これを「ブレイズ」と呼びます。

部分的に色を消す遺伝子をもつと…

↓

3色の組み合わせ

三毛（キャリコ）

黒＋赤＋白で、唯一の3色。しま模様が入ると、“しま三毛”の愛称で呼ばれることも。

白＋もう1色

バイカラー

額に八の字の愛称は“ハチワレ”

手袋や靴下みたいな白色の入り方の愛称は“ミトン”や“ソックス”

部分的に色を消す遺伝子をもつと、白い毛色が加わります。無地2色で一番ポピュラーなのは黒白。色を薄める遺伝子をもつとグレー白に。

パーツの先端が濃い

ポインテッド

地色は淡く、耳、顔の中心、足先、しっぽに濃い色や濃いしま模様。気温が下がるほど濃度UP。

チンチラは猫種名じゃないよ

毛先側に色が現れる

シェーデッド

根元には色がなく、毛先側に色が現れます。「チンチラ」はシェーデッドの一種で、毛の先端にだけわずかに色が現れる毛柄を指します。

ニャンと美しい！

猫の目《キャッツアイ》 図鑑

宝石にもたとえられる、美しい猫の目の色。
虹彩《こうさい》の部分に含まれるメラニン色素の量によって、
大きく6カラーに分かれます。

メラニン色素 多

カッパー
銅のような色

オレンジ
銅色と黄色の中間

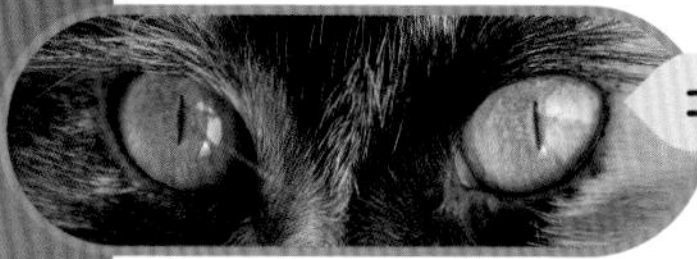

ゴールド（イエロー）
黄1色

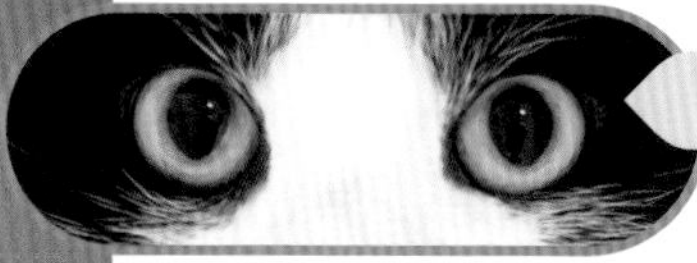

ヘーゼル
内が緑、外が黄色。
黄緑にはならない

グリーン
緑1色

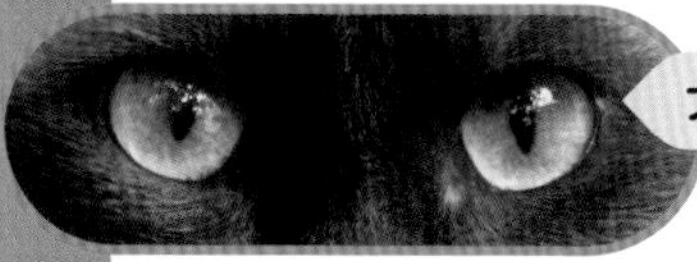

ブルー
青1色

少

ブルーの目色の法則

色素が少ない青い目は、
毛色や成長と深い関係があります。
それ以外の目色は、
どの毛色や柄でも見られます。

ポインテッドの目はブルーのみ

ポインテッドの毛色をもつと、かならず目は青になります。

白い毛の猫の目は、ブルーになりやすい

白猫や部分的に白い毛がある猫は、毛色を消す遺伝子の影響で青い目が現れやすい傾向があります。

左右の色ちがいは
「オッドアイ」

→P.045　キトンブルー

入手先

猫の入手先を探そう

純血種がほしいか、ミックスがほしいかで入手先は分かれます。

純血種

ペットショップ

販売できるのは57日齢以上の個体と定められています。

- 最も手軽に猫を入手できる。
- 複数の猫種を一度に見ることができる。どの猫種がいいか決まっていない人に向いている。
- 動物取扱業に登録している業者か確認。登録証を店内に展示している店も多い。
- 店内が清潔でにおいが少なく、店員の知識が豊富な店を選ぼう。
- 入手価格は高額で、数十万円する個体もいる。
- 購入した個体が早期に死亡した場合の保障をしてくれる店もある。
- 衝動買いは禁物。数店舗を見回る、どんな猫がいるかあらかじめインターネットでチェックするなどして調べよう。

ブリーダー

- 特定の猫種を飼いたい人に適している。複数の個体から選ぶこともできる。
- 子猫が生まれる前に予約することもできる。
- 血統書つきの個体が多い。
- 動物取扱業に登録している業者か確認。
- 飼育現場を見学させてくれるブリーダーは安心。
- 中間手数料がない分、ペットショップより価格が安い場合も多い。
- 親切なブリーダーにめぐりあえれば、購入後も猫の飼育について相談に乗ってもらえる。

気に入った猫種が見つかったなら良質なブリーダーを探したい。

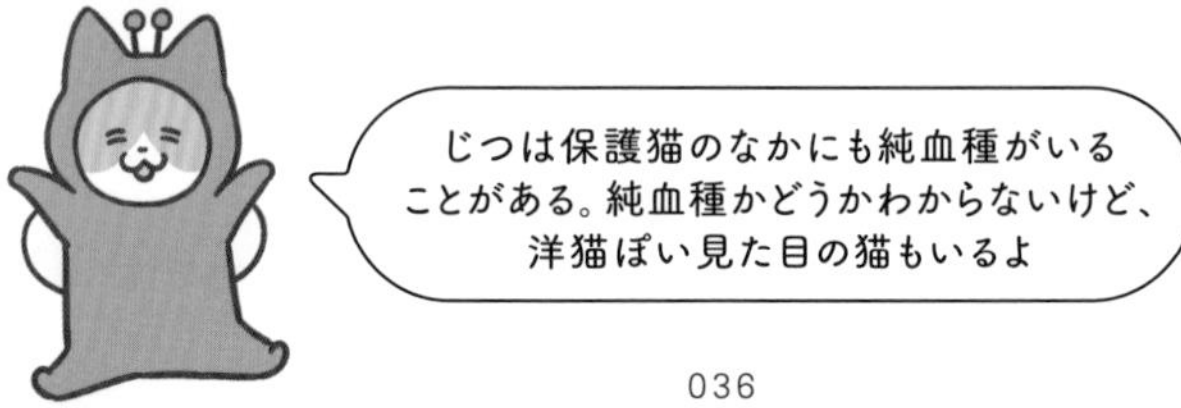
じつは保護猫のなかにも純血種がいることがある。純血種かどうかわからないけど、洋猫ぽい見た目の猫もいるよ

ミックス・保護猫

保護団体

- 飼育放棄された猫や元野良猫を保護している団体が全国にある。
- 子猫も成猫もいる。
- 猫の見学やお見合いをして譲り受ける。譲渡会を開いたり、猫カフェを運営しているところも多い。
- 猫の譲渡条件は団体によってさまざま。自分に合ったところを探そう。
- 譲渡費用は数万円（医療費等の負担）。

東京最大の保護団体、NPO法人
東京キャットガーディアン。
https://tokyocatguardian.org/

個人の保護主

- 個人で猫の保護を行っている人が全国各地にいる。
- 子猫も成猫もいる。
- インターネットで里親募集している人が多い。
- 猫の見学やお見合いをして譲り受ける。個人宅に見に行くこともある。
- 猫の譲渡条件はさまざま。自分に合ったところを探そう。
- 譲渡費用は無料〜数万円（医療費等の負担）。

ペットのおうち
猫の里親募集
希望条件に合うペットが掲載されたら即時通知

全国のペット里親募集サービス「ペットのおうち」。自分の地域で里親募集している猫を探せます。
https://www.pet-home.jp/cats/

東京都動物愛護相談センター
ワンニャンとうきょう
保護された犬猫を
家族にしませんか?

東京都動物愛護相談センターが運営するサイト「ワンニャンとうきょう」。
https://wannyan.metro.tokyo.lg.jp/

動物愛護センター

- 各自治体で運営している、公営の保護施設。
- 子猫も成猫もいる。
- 適正飼養等の講習会を受ける必要があるところが多い。講習会は平日に開かれることが多く、平日に時間の取れる人に向いている。
- 猫の譲渡条件は自治体によってさまざま。東京都の場合は「20才以上60才以下」など。
- 譲渡費用は無料〜数千円。

動物病院でも
猫の里親募集をして
いることがあるよ

レポートマンガ

猫の譲渡会に行ってみた

こんにちは
マンガ担当の卵山です
私は現在5匹の猫とくらしています
ボス
トンちゃん
10才(♀)
シノさん
9才(♀)
たねお
7才(♂)
ダテちゃん
1才(♀)
ビッケ
1才(♂)
トンちゃんとシノさんとは里親募集で出会いました
譲渡会
ネットの里親募集
そのときの流れをご紹介します！
トンちゃんと出会ったのは都内で開かれた保護猫譲渡会
ひとりで腹を放り出して寝ていた子猫
(二度見)

係の人に声をかけ
この猫を迎えたいです
STAFF
夫
アンケート用紙に記入
名前・住所
家族構成
留守番の時間
などなど
夫
条件が合ったので、後日　保護団体の方がトンちゃんを我が家に連れてきてくれました
このときに飼育環境のチェックもあります
猫の生活用品は先に用意しておいたよ！
2週間のトライアル期間を経て
2日くらい物陰に隠れていたトンちゃん
……
無事に正式譲渡へ！
よろしくね!!!

トンちゃんを迎えてから約1年後
トンちゃんには猫の友達が必要なのでは…？
ネットの里親募集掲示板でシノさんと出会いました
里親みつけサイト
人にも 猫にも友好的な子
この猫なら仲良くできそう
メールしてみよう
保護主さんの家でお見合いさせてもらったあと
よく鳴く子猫
ニェエエエエ
我が家でトライアル
おっす!!
シャーー
トンちゃんは最初プリプリ怒っていましたが…
コミュニケーション力の高いシノさんは距離をグイグイ詰めていき
ぐいぐいぐーーい
……
数週間後には親友になっていました

トンちゃん&シノさんを迎えて感じたこと
寝るときの基本ポジション
保護団体の譲渡会でも個人での里親募集でも
勤務先の名刺も見せて
免許証の提示もした
身元確認は なかなかに厳重です
これは虐待目的などの里親詐欺を防ぐため
どうしても慎重になるのはわかるよ
いろいろな人ががんばって繋いだ命だもんね
できるだけ信用できる人に譲渡したいよね
譲渡条件は里親募集する団体や人によってちがうので、
ひとり暮らし
小さい子どもがいる家
高齢者
OK?
NG?
複数の譲渡会や里親募集サイトを見てみるのがおすすめです
条件や方針の合うところが見つかりますように!!

野良猫

野良猫を拾ったら

じつは偶然猫を拾って飼い始めるケースも多いのです。拾ったらまず何をするべき?

とにかくすぐに動物病院へ連れて行く

庭に子猫が迷い込んできた、道端で出会ってしまったなどで、思いがけず猫とのくらしが始まることもあります。猫を拾ったらとにもかくにも動物病院へ連れて行ってください。寄生虫駆除をしないまま家にあげてしまうとノミなどの寄生虫が室内に広がる恐れがありますし、猫が弱っていたら治療が必要です。病院にしばらく入院させて、その間に必要なグッズをそろえたり、部屋を整えたりするのがよいでしょう。

P・052 猫用グッズをそろえよう
P・056 猫を迎える部屋作り

! すぐに病院に連れていけないときは

寄生虫が広がらないように小さいスペースでひとまずお世話します。ケージがあればベストですが、なければ浴室で一晩過ごしてもらったり（おぼれる危険がないよう浴槽の水は抜く）、よちよち歩きの子猫なら段ボールやキャリーバッグに入れてもよいでしょう。

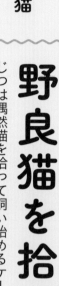

動物病院ですぐにやってもらうこと

猫の体調等によっては先延ばしにしたほうがよい処置もあります。
獣医師のアドバイスに従ってください。

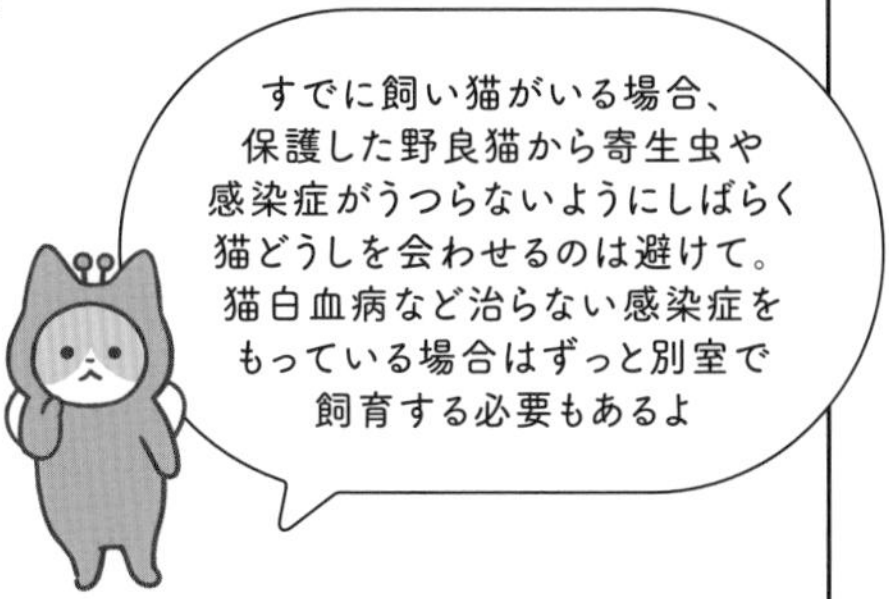
すでに飼い猫がいる場合、
保護した野良猫から寄生虫や
感染症がうつらないようにしばらく
猫どうしを会わせるのは避けて。
猫白血病など治らない感染症を
もっている場合はずっと別室で
飼育する必要もあるよ

☑寄生虫駆除

駆除薬を投与すれば24時間以内にノミなどの外部寄生虫は死滅します。内部寄生虫は一度では完全に駆除できないので数週間後に再投与が必要。

→P.175　駆虫薬

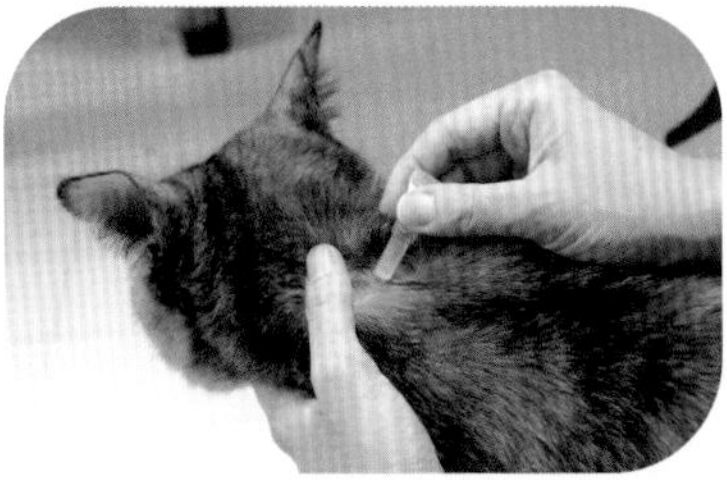

☑ウイルス検査

野良猫は猫エイズ（猫免疫不全ウイルス感染症）や猫白血病に感染している恐れがあります。血液検査で感染の有無を調べてもらいます。

→P.198　感染症

☑基本の健康診断

ケガはないか、栄養状態は問題ないかなどを調べてもらいます。ウイルス検査のほか、基本的な血液検査をしても。貧血や炎症の有無がわかります。

→P.160　定期健診を受けよう

☑週齢・年齢の推定

子猫の場合、週齢によって与える食事などが変わります。成猫も歯の状態などからおおよその年齢が推定できます。

→P.044　幼猫の成長とお世話

野良の成猫を保護したいとき

人慣れしていても捕まえようとすると暴れる猫が多いもの。保健所などから猫用捕獲器を借りて捕まえるとよいでしょう。体調に問題がなければ上記の獣医療のほか、病院で避妊・去勢手術をしてから家に迎えるとスムーズです。

→P.166　去勢・避妊手術を受けよう

幼猫の保護

幼猫の成長とお世話

幼い子猫を拾ってしまったときは大変。お世話のしかたを紹介します。

生まれたばかりの子猫

体重は100ｇ前後。目が開いておらず、耳も立っていない状態。鳴いたり、足を動かしてハイハイするように動いたりすることはできます。

1週齢の子猫

目が開き始めますがまだよく見えていません。前足で体を起こすことができるようになります。

	3週齢	2週齢	1週齢	0週齢
食事	子猫用ミルク			
排泄	人が刺激して排泄（猫が自力で排泄できない）			

3週齢から、ミルクも続けながら離乳食も与え始める。いきなり切り替えずに、じょじょに切り替えていくんだ

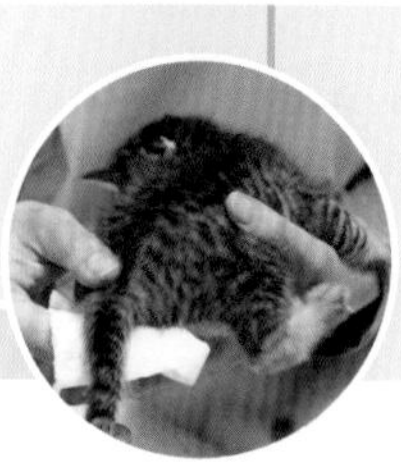

ミルクの前後におしりをガーゼなどで刺激して排泄させる必要があるよ

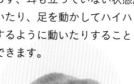

8週齢ごろまではみんな青い目

生まれたばかりの子猫は全員、グレーがかった青色の瞳をしています。「Kitten《キトン》 Blue《ブルー》」と呼ばれる現象で、目の色素がまだ定着していないために青く見えるのです。
8週齢前後からその猫本来の目の色に変わります。

4週齢の子猫

誕生してすぐのころはつねにカイロなどで保温していないと体が冷えてしまいますが、4週齢ごろになるとようやく体温をキープできるようになり、動きも活発になります。

8週齢	7週齢	6週齢	5週齢	4週齢

子猫用
ドライやウエット

離乳食

8週齢くらいで乳歯が生えそろってドライフードも食べられるようになる！

猫用トイレで排泄

→P.092 トイレを教える

3週齢ごろから
トイレトレーニング！

自力で排泄できるようになったらひと安心！

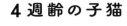

ミルクの与え方

※かならず子猫用ミルクを与えてください。

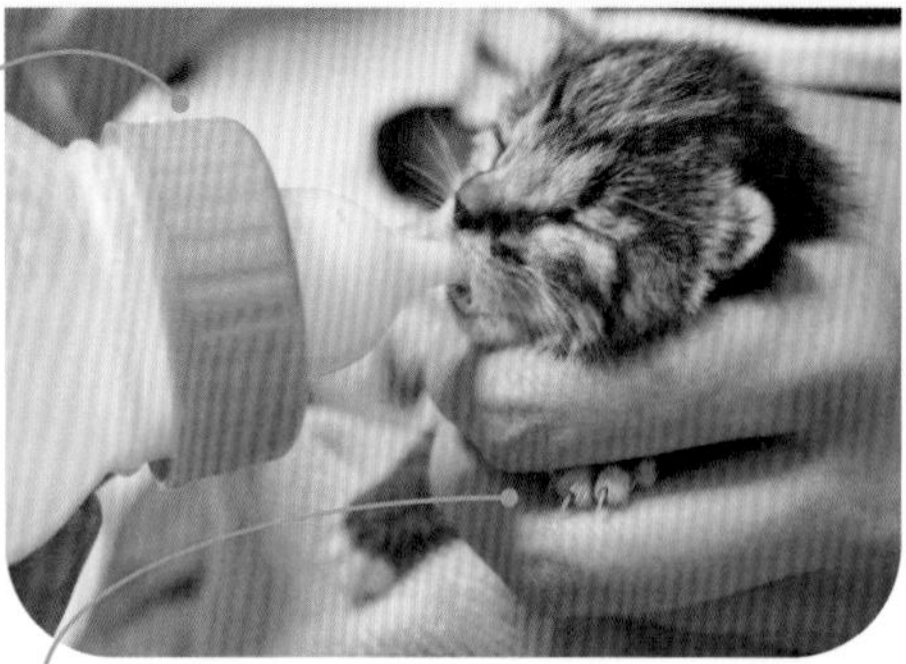

哺乳瓶〜口〜食道が一直線になる角度

子猫の顔を斜め上に向け、子猫用哺乳瓶の乳首をくわえさせます。

前足を何かにあててあげると安定する

子猫は母猫のおなかに前足をあててお乳を飲みます。人の手や丸めたタオルなどに前足をあてた姿勢だとお乳を飲みやすくなります。

ミルクを冷まさない

ミルクは猫の体温である38℃前後で与えます。与えている途中で少しずつ冷めてくるので、湯煎しながら与えると◎。

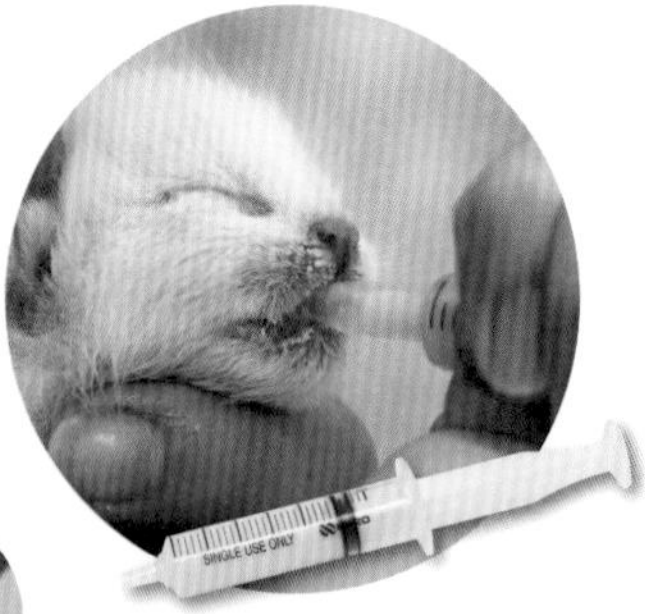

自力で飲めない子にはシリンジで

哺乳瓶に吸いつかない子猫には、シリンジ（注入器）でミルクを少しずつ与えます。

仰向けで飲ませるのはNG

仰向けの姿勢で与えると誤嚥の危険があります。

離乳食の与え方

スプーンや指先で与える

フードの味を教えるため、小さなスプーンや指先に離乳食を少量取り、猫の口を開けて上あごにすりつけます。ほかに、皿を置くだけで食べ始める子猫もいます。

子猫用離乳食

市販の子猫用離乳食のほか、ドライフードをミルクでふやかしたものでも可。

体重測定

子猫の体重推移見本

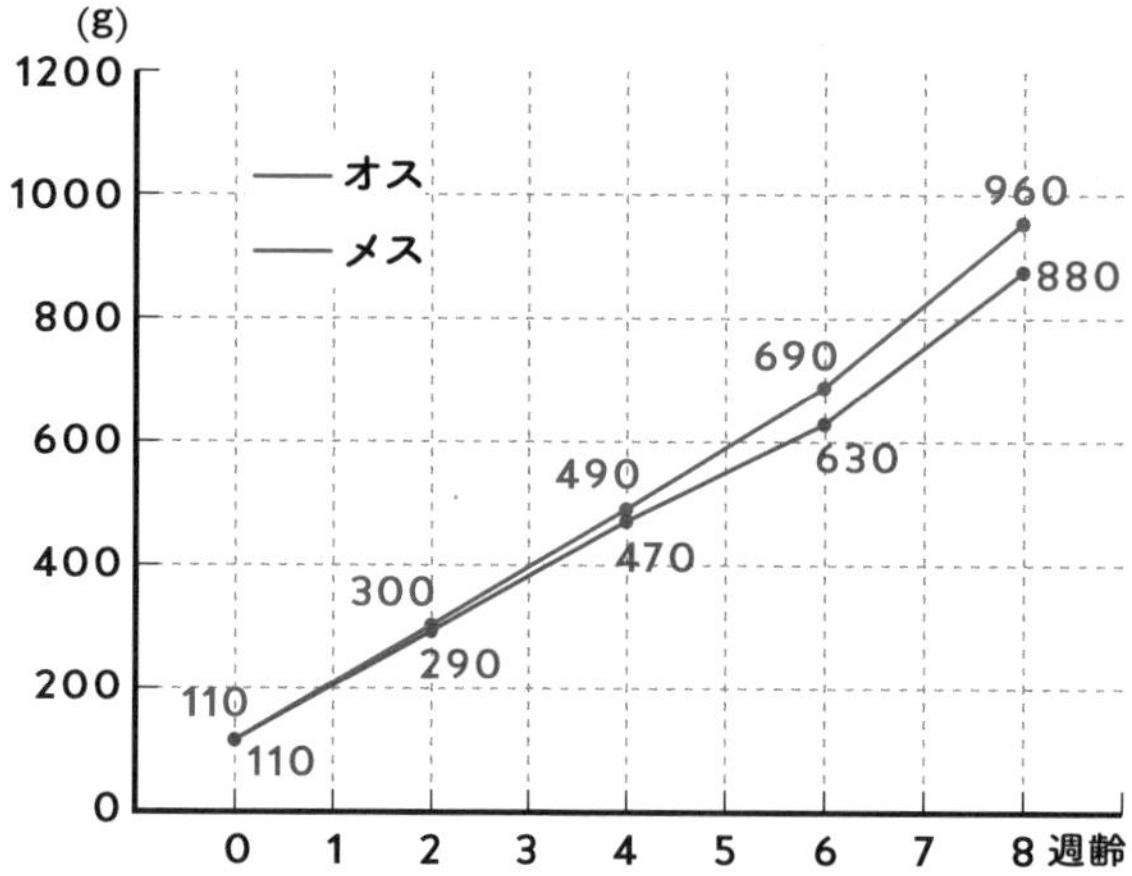

幼猫は毎日体重が増える

順調に成長していれば毎日10～20ｇくらいずつ増えていきます。グラフは目安なのでこれ通りでなくても大丈夫ですが、増えていかない、もしくは減っていくのは成長不良の恐れがあるので病院へ。少なくとも8週齢ごろまでは毎日体重測定して記録しましょう。

オス・メスの見分け方

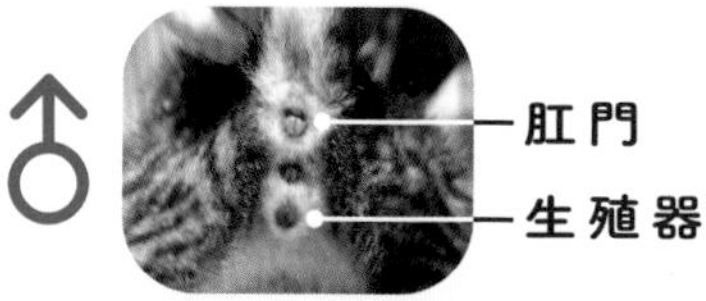

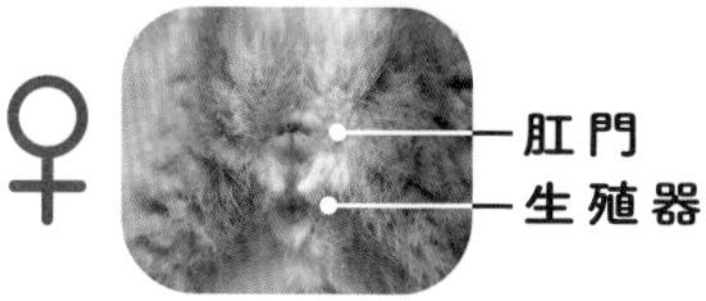

肛門～生殖器の距離が長いのがオス。とはいえ幼いうちは見分けが難しいので、気になるなら獣医師に見てもらいましょう。2か月齢くらいになると睾丸がふくらむので見分けやすくなります。

排泄のさせ方

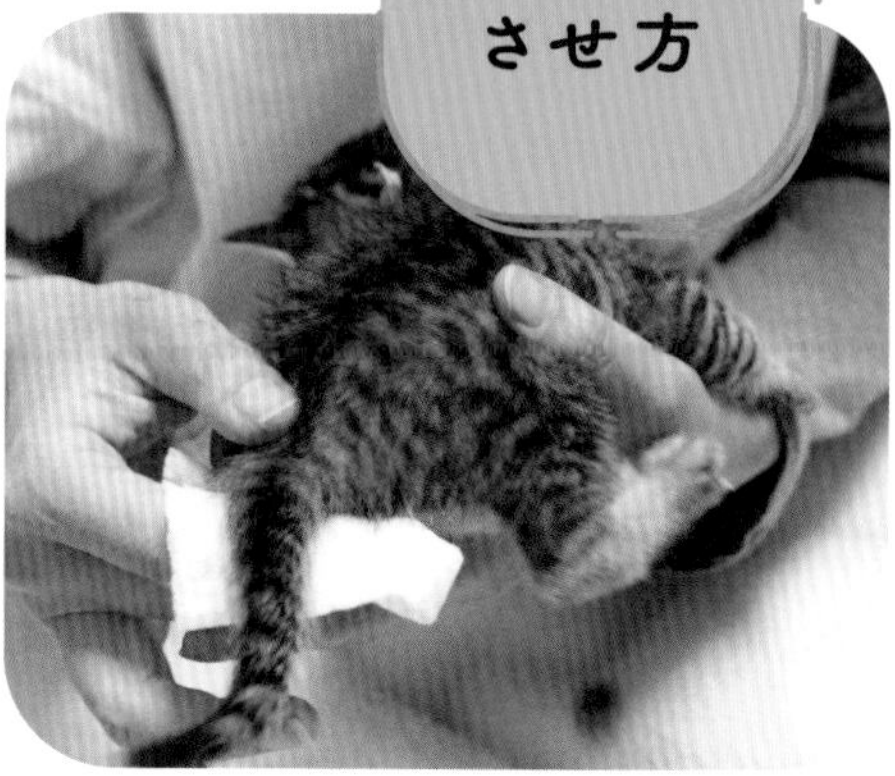

お湯で湿らせたガーゼでおしりをトントン

授乳の前後にお湯で湿らせたガーゼやティッシュで肛門付近を優しくトントンすると排泄します。固形物を食べるまではウンチは少なめです。

マンガ

責任ある飼い主になろう

猫を最期まできちんとお世話できるか、自分の年齢や経済面を確かめましょう。

ナナコに問題です
何よ急に
猫はどれくらい生きるでしょうか？
ティロン
えーーと
15年くらい？
そう！平均寿命は15才くらい
猫の平均寿命
2010年 14.36才
2015年 15.43才
2021年 15.66才
獣医療の発展とともに年々延びてるよ
じゃあこの先も延びる可能性あるんだ！
賞品のアメちゃんです
やったー
もっと長生きな猫も見るよね
20才になりました！
老猫もまたかわゆいんだ…
少なくとも15年先まで自分がちゃんと面倒みられるかどうか
飼う前に判断することが必要だよね
健康には自信あるけど…
万一のときは家族や知り合いに頼れるように話しておかないとだね！
親きょうだいも猫好きでよかった…
父
母
妹
兄
うんうん

参考資料：一般社団法人ペットフード協会「令和4年 全国犬猫飼育実態調査」

成長段階

猫のライフステージ

猫は15才まで生きるのが普通の時代になりました。人間でいうと76才くらいです。

若いうちからの適切なお世話で、目指せご長寿

左ページの表は猫の年齢を人の年齢にあてはめたもの。猫は年齢を重ねても風貌に変化がないことが多く、いつまでも子どものままのような気がしてしまいますが、人にあてはめることで年齢をイメージしやすくなるのではないでしょうか。人間でも中年からは健康により注意しますよね。猫も年齢に合わせたケアを心がけましょう。長生きのためには室内飼いも重要。下記の通り、室内飼いとそうでない猫には平均寿命に約2才の差があります。

猫種別の平均寿命

ミックス	15.2才
ラグドール	15.9才
ペルシャ	15.1才
スコティッシュフォールド	13.9才

出典：アニコム「家庭どうぶつ白書2023」

飼い猫の平均寿命

15.79才

外に出ない（室内飼い）	16.25才
外に出る	14.18才

出典：一般社団法人ペットフード協会「令和5年　全国犬猫飼育実態調査」

2〜9週齢は“社会化期”

目が開き、まわりを認識できるようになった2〜9週齢は、さまざまな物事を受け入れやすい特別な時期。この時期に人とふれあえば人慣れしますし、体のお手入れをすれば成長してからも抵抗せずに受け入れるようになります。いわゆる“社会化期”と呼ばれる時期です。

猫の成長

猫ってあっという間に大きくなるよねー
生後半年で人間の10才に相当するっていうからね
さらに！
年をとってもかわいいのが猫のすごいところだよ
フードはちゃんとシニア用だね
15歳の美魔女猫
ところでニェルフはいくつ？
キュルン
永遠の生後10か月だよ
そう…

猫と人の年齢換算表

ライフステージ	猫の年齢	人の年齢
子猫期 	0〜1か月	0〜1才
	2〜3か月	2〜4才
	4か月	5〜8才
	6か月	10才
青年期 	7か月	12才
	12か月	15才
	18か月	21才
	2才	24才
成猫期 	3才	28才
	4才	32才
	5才	36才
	6才	40才
壮年期 	7才	44才
	8才	48才
	9才	52才
	10才	56才
高齢期 	11才	60才
	12才	64才
	13才	68才
	14才	72才
超高齢期 	15才	76才
	16才	80才
	17才	84才
	18才	88才
	19才	92才
	20才	96才
	21才	100才

参考資料：AAHA（全米動物病院協会）&AAFP（全米猫医学会）「猫のライフステージガイドライン」

飼育用品

猫用グッズをそろえよう

いまや種類豊富な飼育用品。デザインよりも、大事なのは猫の快適さや使い勝手です。

どの猫も必要

食器・水皿

もちろんキャットフードも用意

安定して倒れにくい皿が◎。プラスチック製より陶器やステンレス製のほうが雑菌が繁殖しにくく衛生的です。

猫壱 猫用脚付フードボウル猫柄 Ⓐ

ケージに固定できる皿もあります。家に迎えたばかりのときなど、ケージ内でお世話するときに便利。

トイレ用品

トイレスコップ

オシッコの固まりやウンチをすくって捨てます。

トイレ容器

猫の体長の1.5倍ほどの幅があると◎。小さいと排泄の失敗の原因になります。

獣医師開発 ニオイをとる砂専用 猫トイレ Ⓑ

→P.090
トイレ環境を整えよう

固まるトイレ砂

オシッコすると吸収して固まるタイプ。さまざまな材質がありますが、猫が最も好むのは粒の小さい鉱物系といわれています。

システムトイレはスノコ式

オシッコはスノコの下にあるマットやシーツで吸収。上のスノコを通り抜けない大きめの砂を入れます。

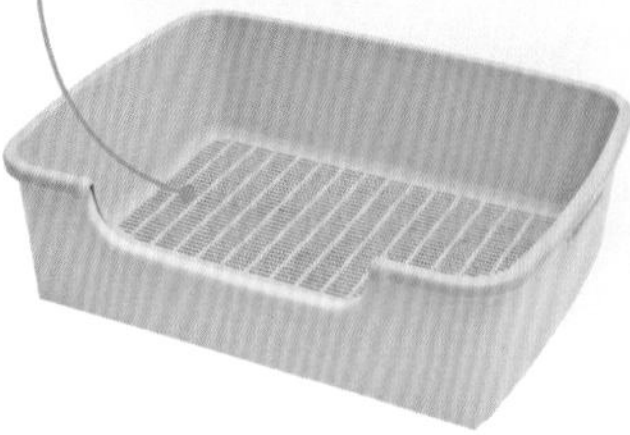

上から入るタイプもある

上部に空いた穴から出入りします。砂の飛び散りが少ないのがメリット。

＊商品お問合せ先はP.015

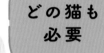

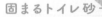

キャリーバッグ

猫を安全に移動させるために必要。災害時にはリュックタイプがおすすめ。**Pet Carrier muna** Ⓒ

→P.158　動物病院の連れて行き方

お手入れ道具

爪切りやブラシなどを用意。初日になくてもじょじょにそろえればOKです。

→P.096　体のお手入れ方法

爪とぎ器

ダンボール製、麻ひも製、カーペット製などさまざまな種類があります。**猫壱 バリバリボウル猫柄** Ⓐ

→P.132　壁や家具で爪とぎ

ベッド

猫が好む場所に置いてあげます。冬用の温かい素材、夏用のひんやりした素材など季節によって使い分けても。

首輪＆迷子札

迷子になったときの身元表示として迷子札が必要です。動物病院でマイクロチップを入れるとさらに安心です。

→P.108　万一のときの身元表示

おもちゃ

狩りの本能を満たすために必要。飼い主と猫とのよいコミュニケーションにもなります。

→P.120　猫といっしょに遊ぼう!

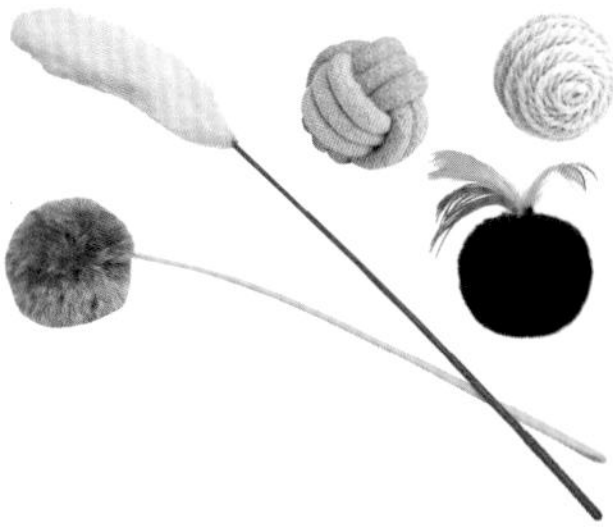

必要に応じて

キャットタワー

猫には上ったり下りたりする運動が必要。背の高い家具に上がれるならタワーはなくてもOKです。

ケージ

家に迎えたばかりのときや、子猫を置いて外出するときなどはケージでお世話すると◎。その後もトイレや寝床のスペースとして活用できます。**ウッドワンサークルキャットワイドドア D**

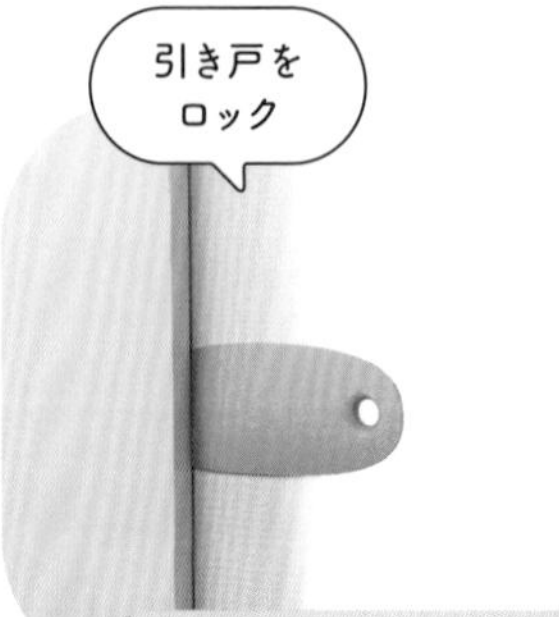

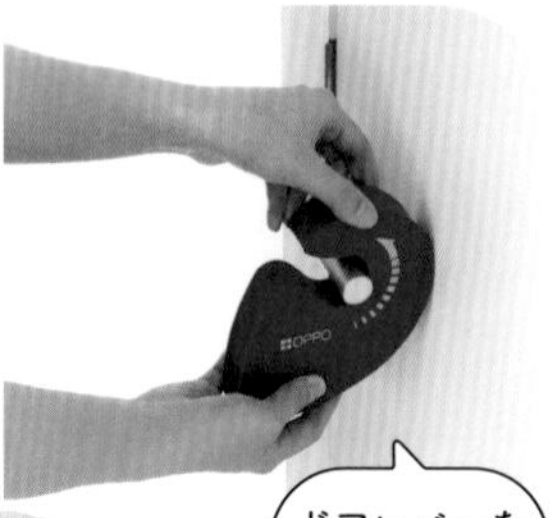

扉ロックグッズ

家の中で猫を入れたくない部屋があるときに。家を傷つけずに室内の扉をロックできます。**(左) SlideLock (右) KnobLock ともに C**

脱走防止扉

玄関の内側にもうひとつ扉をつけて、脱走を防ぐもの。市販の商品のほか、ワイヤーネットと突っ張り棒などで自作することもできます。

猫毛取りグッズ

猫の抜け毛掃除に便利。カーペットやクッションについた抜け毛は粘着テープや掃除機でもなかなか取れません。**FurRemover C**

＊商品お問合せ先はP.015

最新家電

給餌器、給水器、カメラは同シリーズ。ひとつのアプリで管理できるよ

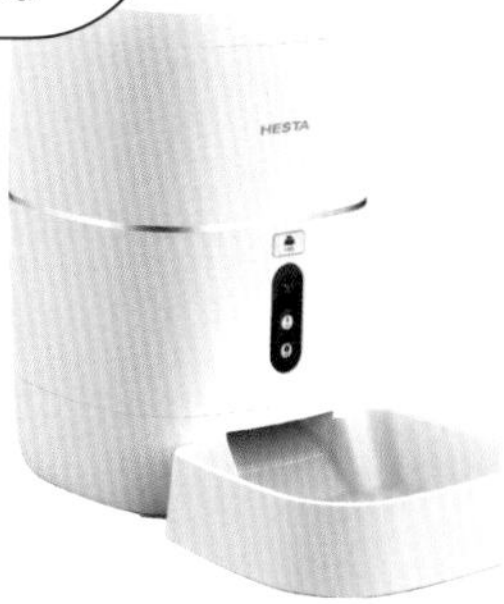

体調チェックができるトイレ

猫がトイレに入ると自動で体重や尿量を記録。カメラで猫の顔を認識するので多頭飼いでも1匹ずつのデータを記録できます。**Toletta** Ⓔ

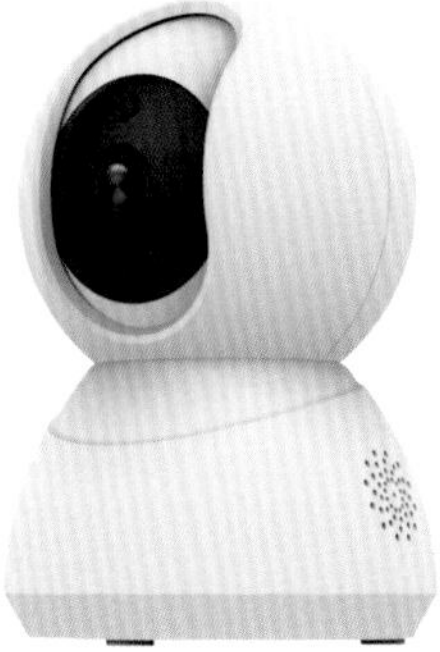

見守りカメラ

外出先からも猫の様子を確認。録画や写真撮影のほか、スピーカーで話しかけることもできます。**HESTAスマート屋内カメラ** Ⓕ

自動給餌器

あらかじめ設定しておいたスケジュールのほか、急な外出でもスマホで遠隔操作できる給餌器。**HESTAペット自動給餌器** Ⓕ

自動給水器

外出先からスマホで遠隔操作もできる給水器。フィルターとUVライトできれいな水を保ちます。**HESTAペット自動給水器** Ⓕ

ハイテク!

首輪で体調チェック

首輪で取得したデータから猫の行動を分析。運動や睡眠の時間、食事の回数を記録し、変化の際にはアプリでお知らせ。体調不良を見逃しません。**Catlog** Ⓖ

飼育環境

猫を迎える部屋作り

猫にとって危険のない、安心して快適に過ごせる部屋に整えましょう。

すみずみまでチェックして危険を減らそう

現代の日本では室内飼いが推奨されています。猫が外に出ると排泄物などでご近所に迷惑をかけてトラブルになりかねませんし、交通事故や感染症、迷子になるリスクもあります。猫の安全面からも完全室内飼いが望ましく、そのためには脱走防止策が必要です。

また、日用品のなかには猫がじゃれたり飲み込んだりすると危険なモノがたくさんあります。猫が飲み込めるサイズのモノはすべて片づけて、すっきりした家で猫を迎えましょう。

安全な部屋作り

玄関に脱走防止策

玄関を開けたときに足元からスルリと出てしまわないよう、内側に脱走防止扉をつけるなど対策を。

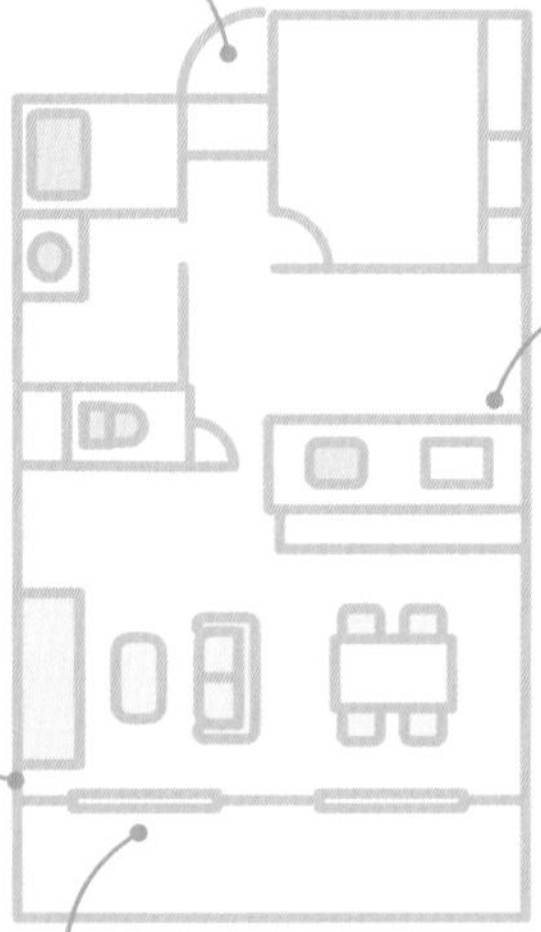

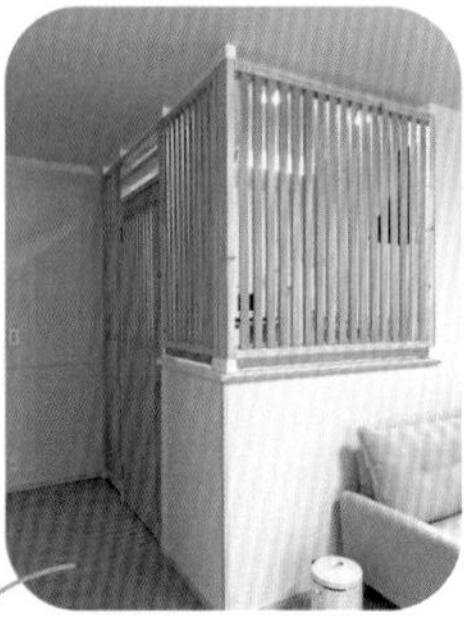

キッチンになるべく入らせない工夫を

猫にとって危険な食材を口にしてしまったり、やけどのリスクもあるキッチン。できれば立入禁止にするのがベストです。**キッチン猫侵入防止柵Ⓗ**

窓にも脱走防止策

網戸は脱走のリスク大。猫は網を破ったり、網戸ごと外したりすることもあるんです。窓を開けたいときは窓用ロックで細い隙間を固定する、ワイヤーネットを張るなどの対策を。

安全＆快適な部屋作り

慣れるまではおびえてせまい場所にもぐり込んでしまうことがあります。冷蔵庫の裏などに入り込まないよう、タオルなどでふさいで。

入られると困る
せまい隙間はふさぐ

高い場所に上がれるように家具の配置を変えたり、キャットタワーを用意。運動になるだけでなく、猫の精神衛生にもいいんです。

上下運動できる
場所を作る

壊されて困るモノは
しまう

出しっ放しにして壊されてしまったら、それは猫ではなく飼い主さんの責任。お気に入りのものは猫が届かない場所へしまいましょう。

フタつき・ロックつき
ゴミ箱に替える

ゴミをあさって危険なものを食べてしまったら大変。赤ちゃん用セーフティーロックなどを利用して防ぎましょう。

！ 危険なモノはすべて片づける

日用品のなかに、猫にとって危険なものはたくさんあります。猫が飲み込んだりじゃれついたらどうなるか想像しながら片づけを。ジョイントマットは猫が噛みちぎって飲み込み胃腸に詰まらせる事故が起きています。

→P.084　猫に危険な食べ物と植物

× 裁縫道具

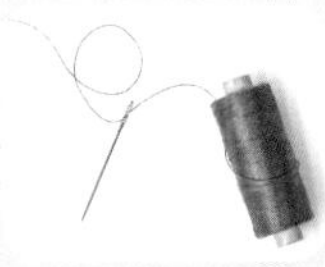

× ジョイントマット

× 薬品類

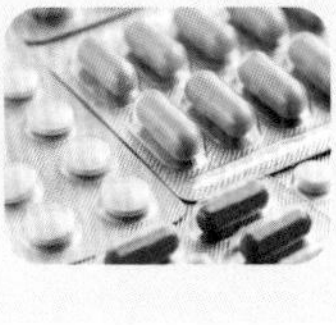

× 観葉植物や花

＊商品お問合せ先はP.015

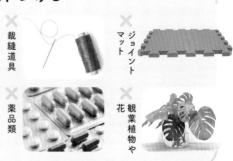

初日

お迎え初日の段取り

新しい家にスムーズに慣れてもらうには、いくつかのコツがあります。

緊張感でいっぱいの猫を優しく見守ろう

なわばり内で生きる猫にとって、見知らぬ場所は大変な脅威。緊張していて人に甘えたりおもちゃで遊んだりする余裕はありません。猫をかまいたい気持ちはぐっと抑えて、猫が環境に慣れるまで見守りましょう。

食事と排泄がちゃんとできたら最初のハードルはクリア。日中は固まって動かず、人が寝静まってからパトロールを始めたり、食事や排泄をする猫も多いよう。「この場所やこの人は安全そうだ」と猫が自分で納得するまで焦らず待ちましょう。

先方に確認すること＆もらうもの

獣医療の状態を確認

ワクチンを何回したか、避妊・去勢手術は終わっているかなどを確認。元野良猫（保護猫）の場合、駆虫やウイルス検査についても確認します。終わっていない獣医療は飼い主さんが引き継ぎます。

→P.042　野良猫を拾ったら

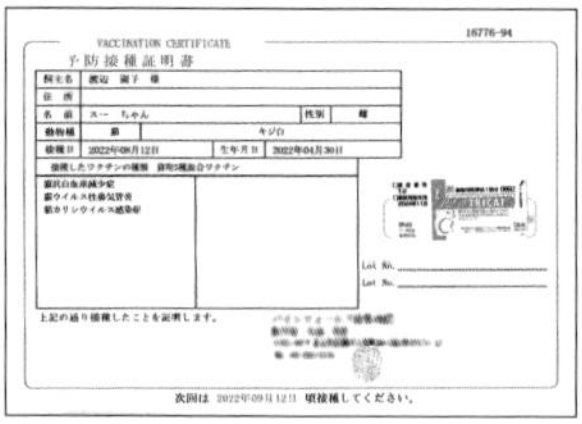
16776-94
VACCINATION CERTIFICATE
予防接種証明書
上記の通り接種したことを証明します。
次回は 2022年09月12日 頃接種してください。

ワクチン証明書

与えていたフードを確認

はじめのうちは食べ慣れたフードを与えます。いきなり新しいフードに変わると食べてくれないかもしれません。

使っていたトイレ砂などを分けてもらう

新しいトイレでも、自分のにおいのついた砂が入っているとスムーズに使うことができます。可能ならその猫の寝床に入っていたタオルなどももらえると安心です。

→P.092
トイレを教える

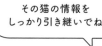

愛情表現

まばたきするのは猫の愛情表現なんでしょ？
LOVE…
うん
こう？
パチ パチ
うまい うまい
パチ パチ パチ パチ パチ パチ
鏡
パーチ
パチ パチ
パチ パチーン
……
やりすぎて変顔になってるって…
言いにくいな…

家に着いたら

パターン1 ケージに入れる

まずはケージ内の生活に慣れてもらいます。数日して慣れた様子を見せたらケージを開けて部屋を探検させます。ケージが猫にとって安全な拠点となり、そこからなわばりを広げていくイメージ。とくに子猫はこの方法がおすすめです。

パターン2 キャリーの扉を開けて見守る

移動中に入っていたキャリーの扉を開け、猫が自ら出てくるのを待ちます。パトロールさせるのはまずは一部屋だけ。ほかの部屋はじょじょに開放します。

猫が落ち着いたらごはんをあげてみよう。飲み水やトイレも用意してね

マンガ

多頭飼いしたいときは

多頭飼いをしたいなら、はじめから仲のよい猫どうしを迎えるのがおすすめです。

子猫の里親募集って
「できればきょうだい いっしょに迎えて」ってことが多いよね
里親募集
兄弟です。できれば2匹一緒にお迎えできるご家庭を探
うんうん
保護主さん的にも そのほうが安心だろうしね
どの子もかわいくて選べないよ
募集
たしかに仲良しのきょうだいを引き離すのはかわいそうな気がする…
それに多頭飼いってかわいさも増し増しだよね
お世話も増すけど…
猫は本来1匹でくらす動物だから「1匹だとかわいそう」ってことはないけれど もし多頭飼いを考えてるなら子猫のきょうだいを迎えるのはおすすめだよ
そうなの？
猫って成長すればするほどなわばり意識が強まって新しい仲間を受け入れるハードルが上がっちゃうんだ
出てって!!!
その点、最初から仲のいい子猫のきょうだいは安心できる組み合わせなんだよ
なかよし!!
なるほどー

はじめに1匹迎えて、
あとから「もう1匹迎えたい」って思った場合はどうすれば?
そんなときは…
いそいそ
ポイントはこんな感じだよ
ババン
ニェルフちゃん POINT
先住猫があんまり年をとらないうちに
あとから迎える後輩猫には子猫を
オスどうしは避ける
オスどうしはケンカしやすい
ただ…
いろいろ気をつけても、おとなになってからの多頭飼いが成功するかは猫の相性しだい
自分以外の猫が絶対無理なタイプの猫もいるもんね
そのときはあきらめよう
多頭飼いを望んでるなら、すでに仲のいい猫たちを迎えれば心配が少ないんだね
そう そう
妻(ナナコ)が謎の生き物としゃべっている…
帰宅した夫:ショウタ
つづく

多頭飼い

あとから猫を増やすには

相性のよい性別や年齢、対面させる際のコツをご紹介します。

多頭飼いしたいなら猫がなるべく若いうちに

飼い猫にとって新しい猫の登場は大きなショックです。いきなり対面させると激しいケンカに発展する恐れがあるので、はじめはケージやキャリーごしに対面させるのがコツ。ケンカになってもお互い負傷を防げます。

なわばり意識は成長するほど強くなるため、多頭飼いしたいならなるべく若いうちにしましょう。ずっと1匹でくらしていたのに高齢になってから新しい猫を迎えるというのは、ストレスが大きすぎます。

猫の相性

先住 / 新入り	1才未満	1才以上
1才未満	◎ 子猫どうしは性別にかかわらず仲良くなる確率大。	○ 成猫は子猫をライバル視しないことがほとんど。
1才以上	○ 子猫は誰とでも仲良くなれる可能性が高い。	△ 互いになわばり意識が強いため注意が必要。

先住 / 新入り	オス	メス
オス	× オスどうしはライバルになりやすい。去勢は必須。	○ カップルのようになれるかも。去勢・避妊は必須。
メス	○	○ メスはなわばり意識が弱いためケンカは少ない。

猫どうしの対面のさせ方

ケージやキャリーに入れた状態で対面

新入り猫はしばらくケージの中でお世話します。新入り猫が新しい生活に慣れ、先住猫とケージごしににおいを嗅ぎ合うなど互いに友好的なしぐさを見せたら、ケージの扉を開けて直接会わせてみます。万一ケンカになったときに止められるよう、段ボールの板などがあると◎。手で止めようとするとケガする恐れがあります。または、新入り猫は先住猫を入れない部屋でしばらくお世話。新しい生活に慣れたころにキャリーに入れて先住猫に会わせる手もあります。その後の流れは上記と同じです。

! 密すぎると猫もストレス

人にパーソナルスペースが必要なように、猫もひとりでゆっくり過ごしたいときはそうできる環境が必要。明確な規定はありませんが、たとえば2LDKなら3匹が上限（リビングを1部屋と数え、1部屋に1匹ずつ）と本書では考えます。もし猫の相性が悪くケンカが絶えない場合、別々の部屋で飼います。

保護猫はトライアル期間があることも

里親募集をしている猫にはトライアル期間が設けられていることがあります。先住猫とどうしても相性が合わなかった場合は、保護主の元に戻すことが可能。猫や保護主に負担をかけるため安易な気持ちで試してはいけませんが、選択肢のひとつとして考えてみては。

しなやかな動きに隠されたヒミツ

ここがスゴイ！ 猫の体

軽やかな身のこなしに、小さな箱にもすっぽり収まる柔軟性。
獲物を捕まえやすいように特化したその体を、よ〜く観察してみると、
もっともっと猫のすごさに気づけるかも。

日本やアジア圏では先が曲がった「カギしっぽ」や短いしっぽの猫が多く、しっぽの骨の数も4〜26個と幅があります。いずれも遺伝によるもので、病気ではありません。

しっぽ

バランスをとる舵取り

不安定な道も
楽々よ

しっぽは平衡感覚に関わる部位。サーカスの綱渡りの棒さながらしっぽでバランスをとって、木の上などの不安定な場所でも重心を安定させます。

後ろ足

ジャンプ＆ダッシュの力の源

おもちゃを追って瞬足で駆け出したり、体長の5倍もの高さまで跳んだりできるのは、瞬発力の源である「速筋《そっきん》」が後ろ足に集中しているから。関節も犬よりよく曲がり、足底に力を溜めやすくなっています。

着地は
前足から

背中〜腰

**よく伸びて曲がる
強力なバネ**

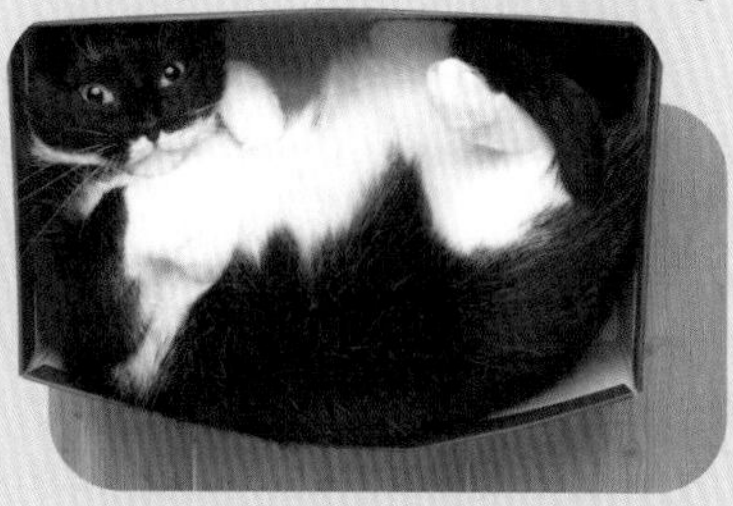
せまいところ
落ち着くわ〜

骨どうしをつなぐ靭帯《じんたい》や背骨にある椎間板《ついかんばん》というクッションが柔らかくてしなやかなので、バネのように衝撃をやわらげて着地できます。

背中や腰は、美しい曲線を描きます。「猫は液体」というジョークも納得の柔軟性で、せまい場所へ身を隠すのも得意。

猫の前足が器用な理由には諸説ありますが、そのひとつが肩甲骨の丸み。ほかの骨とぶつかりにくい形状で肩が動かしやすいのでは、と考えられています。

肉球

**衝撃を吸収する
クッション**

木の上からの着地にも耐えられるのは、弾力のある肉球のおかげ。エクリン腺という汗腺が集まる肉球からかく汗には、滑り止めの役割もあります。

前足

**足というより、
もはや“手”**

手の平を内側に返す動作も得意。最近では、前足の“前腕”にあたる骨（とう骨・しゃっ骨）が接する関節がよく動くことがわかってきています。

後ろ足で
力強く蹴り出す！

参考文献：「猫ーかわいい不思議な狩人」
（「Newton」2018年8月号）

ハンターとして生きてきた証

比べてわかる！ 猫の五感

人には感じられない音やにおいにも敏感な猫。
すぐれた感覚器のヒミツがわかると、フシギな行動や好みの理由も見えてきます。

※このコーナーで取り上げるデータの数値には、諸説あります。ひとつの目安として参考にしてください。

視覚《しかく》 薄暗いなかで動きを追うのが得意

猫の目はレンズである水晶体《すいしょうたい》が大きくて焦点の調整がきかないので、視力はよくありません。色は青や緑は認識できますが、赤はグレーに見えてしまうようです。でも、動くものを追う動体視力はすぐれています。網膜の奥にある反射板（タペタム）のおかげでわずかな光も活用できるので、薄暗いなかでおもちゃを揺らしても捕まえられます。

〈視力〉を比べると…

人	1とした場合
犬	約0.2〜0.3
猫	約0.1

猫の視力は人の10分の1程度。視力が悪い人がメガネやコンタクトレンズを外したときのような世界に見えているのかも。

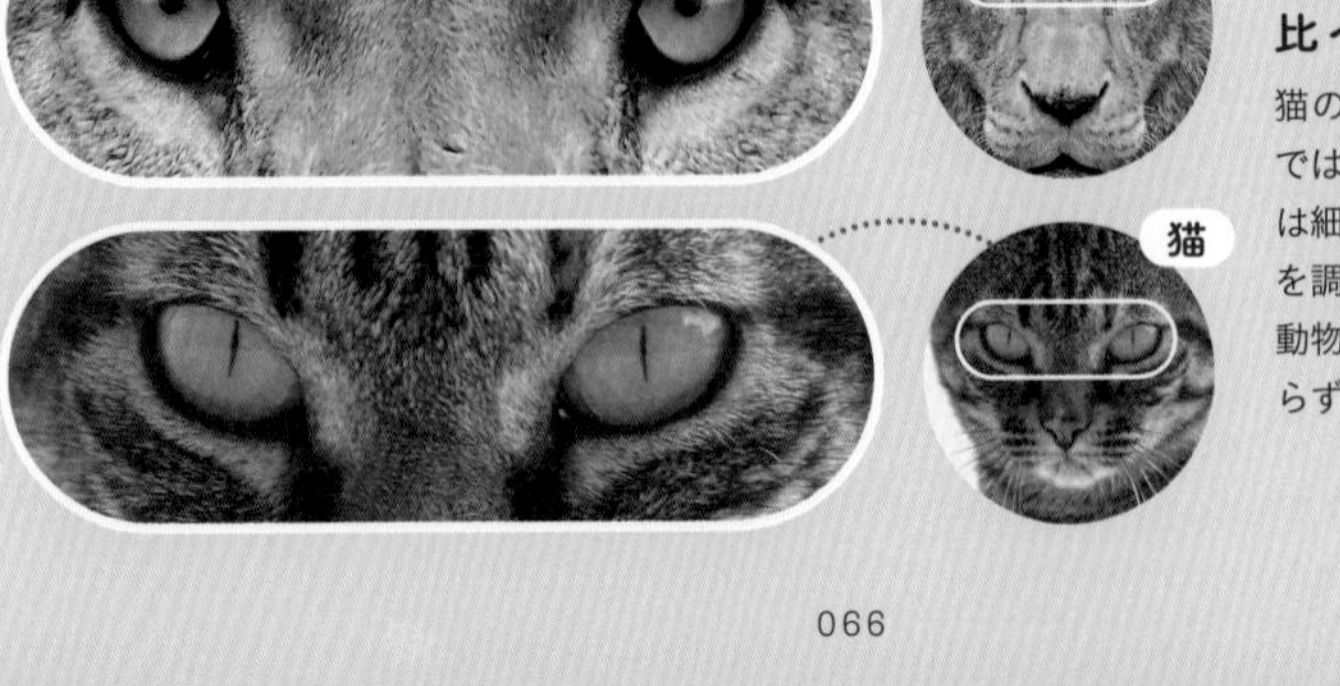

〈瞳孔の形〉を比べると…

猫の瞳孔（黒目）は暗い場所では広がり、明るいところでは細くなって取り込む光の量を調整します。大型のネコ科動物の多くは、瞳孔が細くならず小さな丸のまま。

聴覚《ちょうかく》

超音波まで感知できる

猫の五感のなかで、とくにすぐれているのが聴覚。獲物が動き回るかすかな音を聞き漏らさず、ネズミが発する超音波の鳴き声まで感知します。

〈聞き取れる音域〉を比べると…

犬	40Hz〜6万5千Hz
猫	65Hz〜5万Hz
人	20Hz〜2万Hz

個体差もあると考えられますが、猫は高音域がよく聞こえるいっぽうで、低音域は人よりも聞き取りづらいようです。

国内の猫の研究からわかってきていること

うちの人の声だ

飼い主さんと他人の声は区別できる

猫と面識のない3人の他人→飼い主さん→1人の他人の声をスピーカーで順に流した実験で、飼い主さんの声に最も反応する結果が得られました。これにより、猫は見知らぬ他人の声と飼い主さんの声を区別していることが裏づけられました。

友達が名前を呼ばれてる

同居猫の名前までわかっている？

同居猫の名前を聞くと、その猫の姿を思い浮かべていることが示唆された実験も。猫は人の言葉をどれだけ理解しているのか、今後の研究でさらにわかってくるかもしれません。

参考文献：Atsuko Saito, Kazutaka Shinozuka (2013):Vocal recognition of owners by domestic cats (Felis catus), Animal Cognition、髙木佐保, 齋藤慈子他(2018)「ネコは同居個体の名前を知っているのか?」(日本心理学会第82回大会発表論文集)

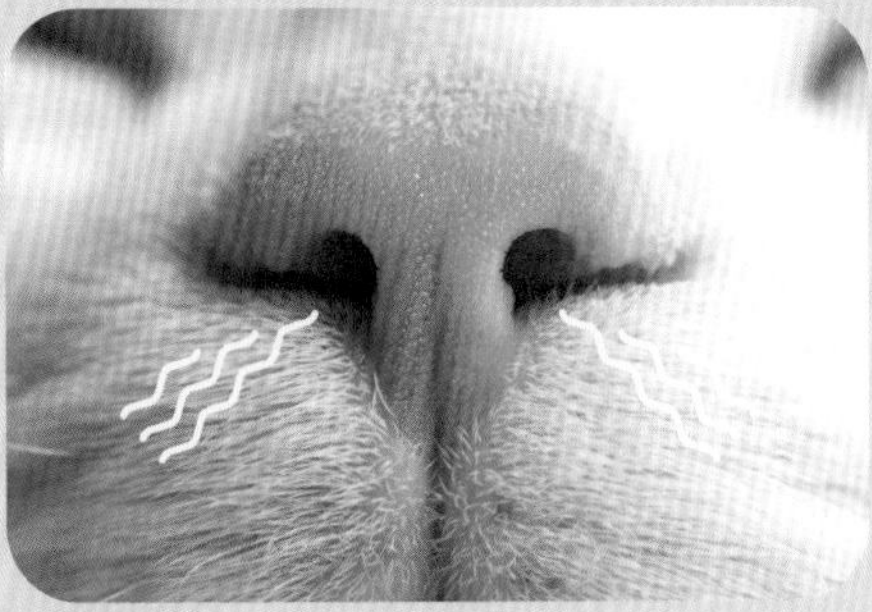

嗅覚《きゅうかく》　においに詰まった情報をチェック

猫は嗅覚もすぐれていて、においから獲物や敵の情報を集めています。鼻がいつも湿っているのは、においの分子を集めるのに役立っているようです。食事も「味」以上に「におい」が大事。鼻が詰まると食欲が落ちてしまいます。

〈においを感じる組織や細胞〉を比べると…

	嗅上皮《きゅうじょうひ》の面積	嗅細胞《きゅうさいぼう》の数
犬	18～150 cm²	7千万～2億2千万個
猫	21 cm²	6千万～6千500万個
人	約3～4 cm²	500万～2千万個

猫は、においを感知する細胞が集まった嗅上皮の面積が人よりも広く、人には感じられないにおいもとらえます。

ほかの個体に生理的な影響を与える分子「フェロモン」は、鼻ではなく、口内の上あごの奥にあるヤコブソン器官でとらえます。その際に真顔で口を半開きにするのを「フレーメン反応」といいます。

触覚《しょっかく》　ヒゲは空間認識のセンサー

猫のヒゲ（触毛／しょくもう）は、周囲の状況を確認するための大切な感覚器官。かすかな空気の振動も増幅させて、根元の神経に伝えます。このセンサーのおかげで、猫は獲物や敵の気配を察知したり、障害物との距離を測ったりできるのです。せまい穴を通りたいときにも、ヒゲがふれるかどうかによって通れるかを予測。犬は嗅覚がすぐれている分、猫ほどヒゲに頼らないようです。

やっぱりここは
通れたぞ

味覚《みかく》 苦味に敏感、甘味は感じない

「苦い」と「すっぱい」は
嫌いなの

“毒”を想像させる苦味は敏感に嫌がり、“腐った肉”の味である強い酸味も避けます。いっぽうで、甘味を感じる遺伝子の一部が壊れていて、糖の甘味は感じません。

〈味を感じる度合い〉を比べると…

	旨味	塩味	甘味	苦味	酸味
犬	★	★★★	★	★	★
猫	★★	★	感じない	★★★	★

猫は苦味をよく感じるのに、犬のように甘味で苦味をごまかせないので、投薬は苦戦しやすいです。

〈味蕾《みらい》の数〉を比べると…

ウシ	約2万5千個
ウサギ	約1万7千個
人（おとな）	約7千個
犬	約1700個
猫	約500個

味を感じるセンサー「味蕾」は毒草を避けたい草食動物に多く、肉食動物には少ない傾向があります。生粋の肉食である猫は、犬よりも味蕾が少ないのです。

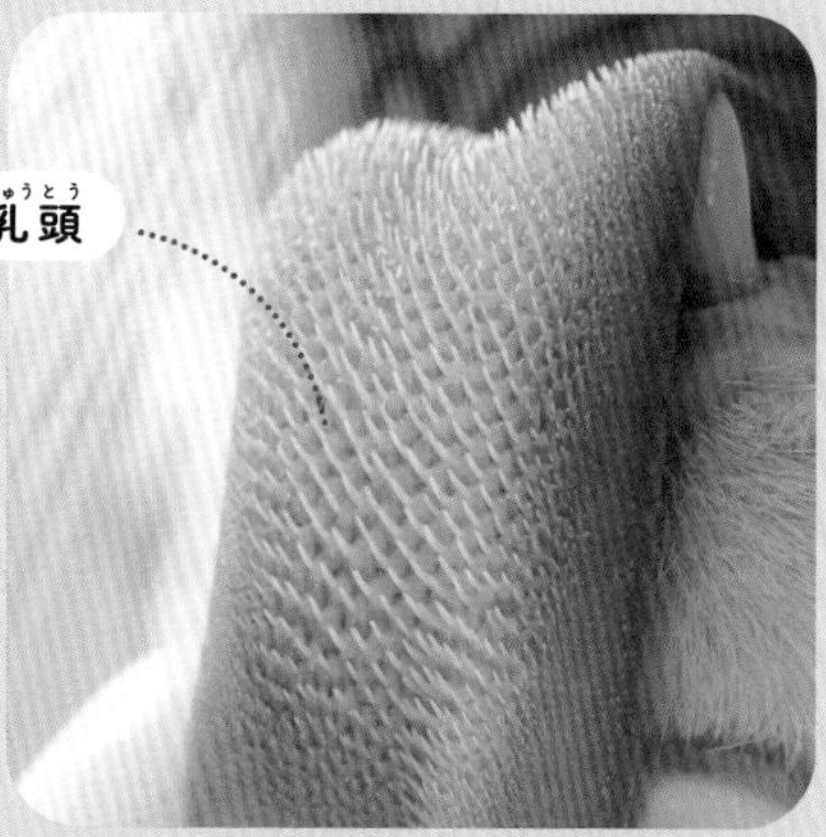

猫がなめてくれるとうれしいけれど、ちょっと痛い。それは、舌の中央からのどに生えている糸状乳頭が硬くてトゲトゲだから。ここでは味を感じませんが、毛をとかすブラシや、肉を削ぎ落とすナイフのような役割があります。

レポートマンガ

日本の野良猫の現状って？

日本人は猫好きが多いと
よくいわれますよね
卯山です
でも日本には
たくさんの野良猫がいて、
保健所や動物愛護センターに
持ち込まれるのも
7割以上は野良猫です
猫の引き取り数 内訳
所有者不明 … 72%
(25,203匹)
飼い主から … 28%
(9,602匹)
※令和3年度
飼い主が持ち込むケースも
3割近くあるんだ…
持ち込まれた野良猫のなかで
譲渡先が決まらなかった子は
残念ながら殺処分
されることもあります
令和3年度の猫の
殺処分数は11、718匹
殺処分数(千頭)
1300
1200
1100
1000
900
800
700
600
500
400
300
200
100
0
猫
犬
昭和49
昭和54
昭和59
平成元
平成6
平成8
平成10
平成12
平成14
平成16
平成18
平成20
平成22
平成24
平成26
平成28
平成30
令和元
令和2
令和3
年度
出典：環境省　統計資料
年々減ってはいるけど
できればゼロになってほしい

もちろん殺処分は誰も望んでないですよね
殺処分を減らす手段のひとつ、それは野良猫を増やさないこと
愛してるから増やさない
殺処分された60%以上は子猫なんです
殺処分された猫
11,718匹（令和3年度）
成猫 36.8%
子猫 63.2%
野良猫は放っておくとどんどん子猫を産んで増えてしまうので、
猫のメスは1年に2〜3回、1〜8匹ほどの出産が可能
ボランティアさんによって去勢・避妊手術をする活動「TNR」が行われています
TNR
T＝TRAP（つかまえる）
N＝NEUTER（不妊手術する）
R＝RETURN（元の場所に戻す）
耳先にVの字のカットがあるのは手術済の猫の証です
もうTNRしたよ！
耳カットがある猫は「さくらねこ」とも呼ばれています
メスは左耳・オスは右耳をカットするよ！
メス
オス

＊「さくらねこ」は公益財団法人どうぶつ基金の登録商標です。

動物愛護団体や自治体、ボランティアさんたちの尽力により、
ここ15年ほどで殺処分される猫の数は17分の1にまで減り、譲渡数は増えてます！
平成19年
猫の殺処分数
200,760匹
返還・譲渡数
6,179匹
令和3年
猫の殺処分数
11,718匹
返還・譲渡数
23,112匹
動物たちが殺処分されることなく幸せにくらせたらいいですね
そのために何かできることがないか、私もいつも考えています
できること 一例
保護猫を迎える
TNR
保護猫の一時あずかり
動物保護団体や動物愛護センターに寄付
保護猫カフェに遊びに行く
シェルターボランティア
etc…
あとは当たり前ですが動物を飼ったら責任をもって終生飼育することも大切！
この程度じゃ意味ないんじゃ？
なんて思わずに!!
ちょっとずつでもたくさんの人が協力すれば幸せな猫をもっと増やせるはず
全猫に幸あれ

Part 2

猫が快適なくらしとは？

マンガ

キャットフード、基本の「き」

たくさんあるキャットフード。基本を知れば、何をどう与えればいいかわかります。

ついに猫と同居開始！
命名
ちくわ
ようこそ ちくわちゃ〜ん
今日から よろしくね
カシャー
カシャー
毎日のお世話でやること ちゃんと覚えてる？
ニェルフに慣れた
もちろん！ 食事でしょ
トイレの 掃除でしょ
あとは体のお手入れとか いっしょに遊ぶとか… このへんはもうちょっと 慣れてからがいいよね
うん
大丈夫 そうだね
じゃあボクは そろそろ帰…
待って!!
むんず
わーーーーッ
脱げちゃうでしょ!!
脱げちゃうの!? ごめん!!
基本はわかってる つもりだけど… 細かいところで 疑問があって

まずキャットフードって何を選べばいいのやら…
とりあえず色々買ってみたけど…
WET CAT FOOD
CAT FOOD
DRY
カリカリ
最近はたくさんフードがあるよねー
ドライフードとウエットフードって、どっちもあげたほうがいい?
Dry
wet
それぞれ長所と短所があるから、子猫のうちはどっちも食べ慣れさせとくといいよ
ウエットの総合栄養食って少ないみたいだけど主食は総合栄養食じゃなきゃだめなんでしょ?
CAT FOOD
ドライタイプ
総合栄養食
チキン
そうなんだよね
だからドライの総合栄養食を主食に、ウエットはサブで与えるといいんじゃないかな
wet
Dry
サブ
主食
なるほど
ウエットは水分が多い分カロリーが少ないから、同じカロリーでもドライよりおなかいっぱいにできるのがいいところだよ
ボリュームあり!!
太り気味・食いしん坊の猫にはウエットの総合栄養食がおすすめ
ちょっとでいいわ
いっぽうドライはカロリーが高いから小食の猫にはおすすめ
ドライは種類が多くて、開封後の賞味期限も長いのが長所だね
カリカリ
チキン味
ネコチャン ドライフード
FISH
CAT DRY
ビーフ
ウェットは傷むの早いもんね
め〜〜ん
あっ おなか空いた?ごはんにしようね
いまなら選び放題だよ
つづく

食事

フードの選び方と与え方

猫の体に最適なキャットフードの選び方や、与え方の基本を知りましょう。

猫にキャットフードが必要な理由

野生時代からほとんど食性が変わっていない猫は、タンパク質を多く必要とします。さらに、体内で合成できず食物から摂る必要のある「必須アミノ酸」が、人間は9種類、犬はひとつ増えて10種類、猫はさらにひとつ増えて※11種類あります。

こうした猫の体質に合わせて作られているのがキャットフードです。なかでも猫の主食となるのが、総合栄養食と書かれたフード。かならず、総合栄養食と書かれたフードを選びましょう。

1000kcalの食事で摂りたいタンパク質の量

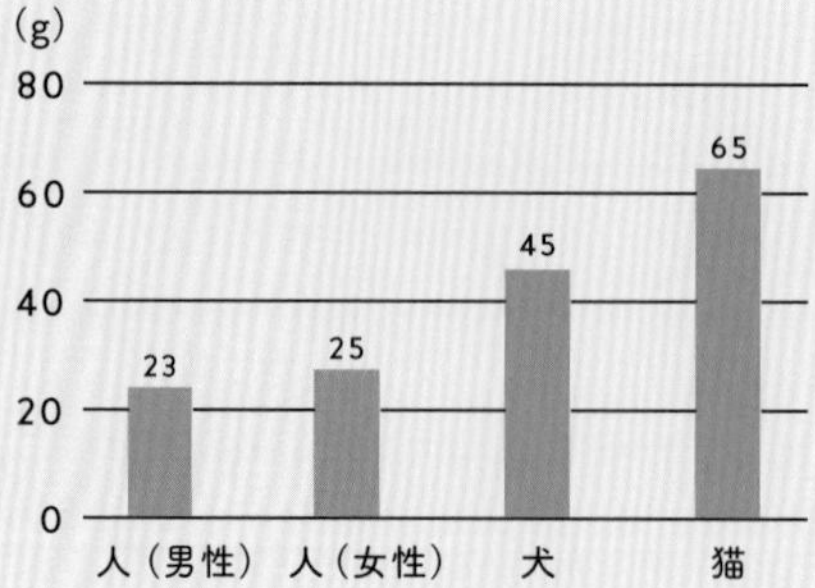
(g)
80
60
40
20
0
23
25
45
65
人（男性）
人（女性）
犬
猫

猫はタンパク質が
たくさん必要！
タウリンも欠かせない
栄養素なんだ

キャットフードの種類

- **総合栄養食** → 主食に適する
- **一般食**
- **副食**
- **間食（おやつ）**

→ 主食には適さない。与えるときは1日の必要カロリーの20%以内に収める

病気の猫は
獣医師の指導により
「療法食」が主食になるよ

※ここでは便宜的にタウリンをアミノ酸として分類しています。

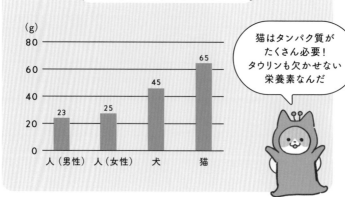

ドライフードの特徴

- 分量あたりのカロリーが高い
- 開封後は約1か月もつ
- 軽いので運搬しやすい
- 総合栄養食が多い

ウエットフードの特徴

- 分量あたりのカロリーが低い
- 水分が多く摂れる
- 開封後は傷みやすい
- 嗜好性が高く食いつきがよい

パッケージの見方

総合栄養食か

主食として与えられるのは総合栄養食のみ。表記が小さいことも多いですが、きちんと確認して選びます。それ以外を与え続けていると栄養が偏ります。

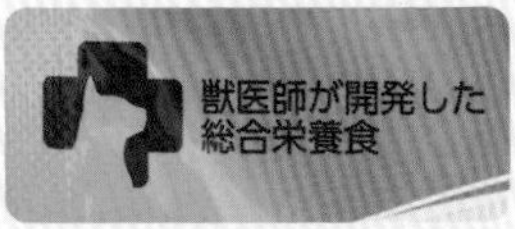

ライフステージが合っているか

愛猫のライフステージに合ったものを選びます。ブランドによって細かく年代を分けているものもあれば、「全年齢対応」などまったく分かれていないものもあります。

賞味期限が近くないか

賞味期限が近いと劣化している恐れあり。ストック用のフードはとくに賞味期限を気にしましょう。賞味期限の表記法はメーカーによって異なり、HPなどで見方を確認できます。たとえば右は「2024年2月14日」。

14/02/24
233B2RGY05

ウエットフードも同じ

市販されているウエットには、総合栄養食のものはあまりありません。総合栄養食以外を与えるときは、1日の必要カロリーの20%以内に収めます。

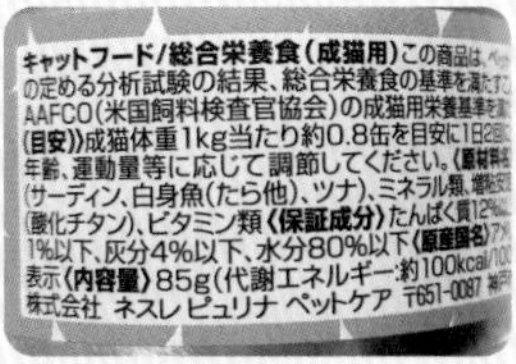

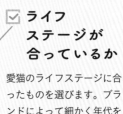

食事量

1日の必要カロリーの計算法

猫の体重（kg）× 30 ＋ 70 ＝ A
A × 係数（猫によって異なる）＝ 1日の必要カロリー

［係数］

避妊・去勢済みの成猫	1.2
活発	1.6
肥満傾向	1.0
高齢	1.1
生後4か月未満	3.0
生後4～6か月	2.5
生後7～12か月	2.0

（例）
5kg（適正体重）で避妊手術済みの猫の場合
5kg×30＋70＝220
220×1.2＝264kcal

パッケージにある給餌量の例

猫の体重	1日の給餌量
2～3kg	30～50g
3～4kg	50～65g
4～5kg	65～80g
5～6kg	80～95g

上の計算式はちょっと複雑だね。
面倒ならそのフードのパッケージに
表記されている量を与えればOKだよ。
でも猫によっては太りやすい子もいるし、
適正量は体重の変化を見ながら
獣医師と相談するのがベストだよ

キッチンスケールなどできちんと量って与えましょう。

食事回数

1日の適正量を2～3回に分けるのが◎。
決まった時間にあげていると猫も覚えるよ。
1匹飼いならドライフードをいつでも
食べられるよう置きっぱなしにする方法もOK

→ たとえば…

AM 8:00
ドライ25g

＋

PM 5:00
ドライ25g

＋

PM 10:00
ウエット20g

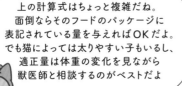

ごはん詐欺

ニャア〜〜ン
ムェ〜〜ン
ピィ〜〜ン
ちくわに夕飯まだあげてない？おなか空かせてるよー
いやさっきあげたばっかりだけど？
えっ
チッ…
……
ちくわちゃん!?

フードの保管

ドライフードを冷蔵庫に
保管するのはNG!
結露が生じて
傷みやすくなっちゃう

ドライは封をして冷暗所へ

開封後はクリップなどで封をして冷暗所へ。開封後1か月以内で使い切れるよう、小さいパックを選ぶもよし。

開封したウエットは冷蔵室へ

開封後は24時間以内に消費。残った分は密封して冷蔵室に入れ、再度与えるときにレンジで人肌くらいに温め直します。

猫の缶詰専用のフタも
市販されています。

! 手作り食は専門知識が必要

肉や魚を使って食事を手作りすることも可能ですが、専門知識がないと栄養失調や中毒を招きかねません。

➔P.084　猫に危険な食べ物と植物

猫の食事のQ&A

Q プレミアムフードって何？

A 明確な定義はありません

メーカーがつけた呼称であり明確な定義はありません。一般的には、平均より質のよい原料を使っていたり、添加物を使っていないなどのフードを指すことが多いよう。そのため価格が高い商品群になります。

Q グレインフリーのほうがいい？

A そうとも言い切れません

グレインフリーとはイネ科の穀物を使っていないフードのこと。猫は本来肉食であり穀物は必要ないという理由で昨今人気です。ただ、野生の猫の獲物となるネズミは雑食性。ネズミを食せば胃の中の穀物も食すでしょうし、穀物をゼロにすれば健康にいいとは言い切れません。

Q フードに書かれた「歯のケア」「毛玉ケア」などの効果、ひとつだけじゃなく全部ほしい！

A 治療や予防までの効果はない

「○○ケア」「○○に配慮」というコピーがあるのは機能性フードと呼ばれるもの。こうした機能がたくさんあるほどよい気がしますが、予防や治療になるほどの効果はないので過度の期待は禁物。歯磨きやブラッシングなどほかの手段も取り入れたほうが効果的です。

キャッチコピーに惑わされず堅実に選びたい。

Q 新しいフードを食べてくれない

A じょじょに切り替えるのがコツ

食にこだわりのある猫はいきなり新しいフードに替えると口をつけない恐れがあります。まずは従来のフードに新しいフードを1割混ぜ、翌日は2割というふうにじょじょに切り替えて。全量切り替えるまで最低7日かけます。同じ皿ではなく、別々の皿で出してもOKです。

フードの切り替え方

Q 食欲アップさせる方法はある？

A 温めたり、好きなにおいをフードに移すといい

簡単なのはレンジで人肌くらいに温める方法。においが強くなり食欲をそそります。カツオブシのにおいを移すのも◎。出汁パックをフードの袋の中に入れておくだけです。

ウエットフードだけでなく、ドライフードも軽く温めるのがおすすめ。香ばしい香りがたちます。

Q ほかの猫のフードを横取りしちゃう

A 食事時は別の部屋やケージに分けよう

多頭飼いの場合、食べすぎの猫や少量しか食べられない猫がいては健康管理ができません。横取りしないよう食べ終わるまで飼い主さんが見張っているか、1匹ずつ別の部屋やケージ、または大きめのハードキャリーに入れて食事を与えます。

毎回同じ場所で食事をあげていれば、そこで待っているようになります。

飲み水

水をたくさん飲ませる工夫

水をあまり飲まない猫ですが、なるべくたくさん飲ませて病気を防ぎましょう。

水をたくさん飲ませて泌尿器の病気を防ごう

猫の祖先は砂漠出身。貴重な水分をなるべく失わないように、オシッコは少ない水分に老廃物を凝縮して出す体になっています。この濃いオシッコのせいで猫は膀胱炎や尿石症を起こしやすいという特徴をもっています。

水をなるべく多く飲ませてオシッコを薄くすることは、泌尿器の病気の予防になります。いろんな工夫をして愛猫にたくさん水を飲んでもらいましょう。

➡P・201 泌尿器の病気

1 猫の動線のあちこちに水を置く

わざわざ水を飲みに行くのは面倒でも、「ついでに」飲める環境なら飲んでくれます。タワーの横、寝床とトイレの間など、よく行く場所や動線上に水を置いてみましょう。

2 流水が好きな猫には自動給水器

蛇口から流れる水を好む猫は多いもの。こうした猫には流れ落ちる水が飲める給水器がぴったり。飲水量がぐっと上がるはずです。

これならヒゲが
あたらない！

3 フチの広い皿で与える

猫は皿のフチにヒゲがあたることを嫌います。なるべくフチの広い皿に替えることで飲水量が増える可能性があります。これはフード皿も同じです。

4 皿の材質を替える

皿の材質が変わると水をよく飲むようになる猫もいます。ガラスだと水がキラキラ光って興味を引かれる、セラミックは水をまろやかにするなんて話もあります。

陶器
ガラス

5 ササミなどのゆで汁を与える

ササミや魚のゆで汁を冷まして飲み水として与えます。猫の好きな香りつきの飲み水です。ゆでた食材は猫におやつとして与えたり、人が味つけして食べても。

6 ウエットフードを多く与える

水分を多く含むウエットフードを与えることで自然に水分摂取量を増やせます。ウエットに⑤を少し足してスープ状にしてもよし。

7 食事回数を増やす

トータルの食事量は同じでも、1日1食より1日3食のほうが飲水量が増えたというデータがあります。食事を小分けにすることで飲水量を増やせる可能性があります。

8 いろんな水を試す

猫は水の味や温度に敏感です。温めた水、冷たい水、浄水器を通した水などいろいろ試してみるとお気に入りの水が見つかるかもしれません。

中毒

猫に危険な食べ物と植物

人には無害でも、猫には害のある食べ物や植物はたくさんあるんです。

中毒を起こす食材をうっかり与えないで

人が普通に食べるものでも猫にとっては猛毒になることがあります。人間と猫の消化機能は異なるのです。人の食事を猫に与えていけないのは味つけが濃いという理由もありますが、危険な食材が入っていることがあるのも大きな理由。たとえばニンニクを香辛料に使っている唐揚げは、猫が食べると中毒を起こします。

キャットフード以外の食べ物を与えていけないわけではありませんが、与えるときは猫に安全かきちんと調べ、味つけせずに少量だけ与えます。

✕ ネギ類

長ネギ、タマネギ、ニラ、ニンニクなどは貧血や急性腎障害を起こし、最悪の場合死に至ることも。スープに溶けた成分にも毒性があります。

✕ 鶏の骨

タテに裂けやすく、尖った部分がのどや消化管を傷つけます。骨つき肉は与えないで。

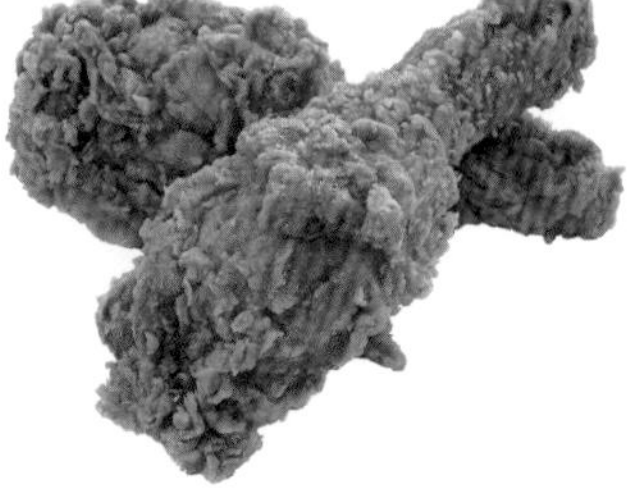

✕ チョコレート

原料のカカオに含まれるテオブロミンという成分が嘔吐や下痢を起こし、命に関わることもあります。ココアも同様です。

汁やにおいがついていると
焼き鳥の串を飲み込んじゃうことも!

△ 青魚

アジ、イワシ、サバなどの青魚には不飽和脂肪酸が多く含まれ、与え続けると「黄色脂肪症」という病気を引き起こす恐れがあります。

× アワビやサザエの内臓

キモの部分に含まれる海藻由来の成分が、光線過敏症（日光による皮膚炎）の原因になります。猫は耳に皮膚炎がよく出ます。

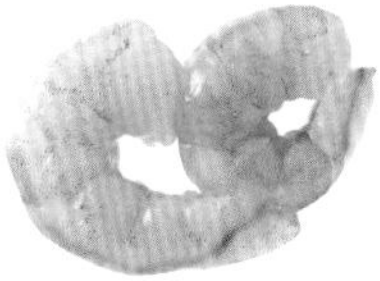

× 生のイカ、タコ、エビ、カニ

チアミナーゼという酵素が含まれており、ビタミンB_1を破壊。嘔吐や体重減少、神経症状などが表れます。加熱すれば問題ありません。

× スルメ

乾燥したスルメは胃腸の中で10倍以上にふくらみ、胃腸に詰まる恐れがあります。

× コーヒー

カフェインが嘔吐や下痢、動悸、不整脈などを引き起こします。日本茶や栄養ドリンクにもカフェインは含まれています。

! 危険なものを食べてしまったら

危険なものを食べた跡があり、さらに嘔吐やよだれなどの異常が見られたら迷わず受診。何をどれくらい食べたのかわかれば診断の助けになります。食べたものの残骸やパッケージがあれば持参。パッケージの原材料から治療方針が決まることもあります。

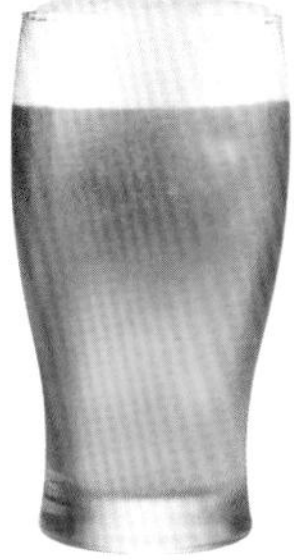

× アルコール

急性アルコール中毒を引き起こし命に関わります。リキュールを使ったスイーツにも注意。

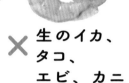

観葉植物や花をかじって中毒を起こすことも

葉っぱや花にじゃれついているうちに口にしてしまい中毒を起こすケースがあります。とくに遊び盛りの子猫や、猫草をかじるのが好きな猫は要注意。猫にとって危険な植物は数百種類あるともいわれており、毒性が調べられていないものも多数あります。安全のため、猫がいる部屋で観葉植物や切り花を楽しむのはすっぱりあきらめてしまいましょう。

✕ 観葉植物全般

メジャーな観葉植物であるポトスやアイビー、モンステラなども猫が中毒を起こす成分を含んでいます。アロエなどの多肉植物にも毒性があります。

ポトス　ディフェンバキア
アイビー　カラジウム
モンステラ　シンゴニウム　など

✕ ユリのなかま

ユリは猫にとって猛毒。花粉や花瓶の水をなめただけでも危なく死に至るケースも。同じユリ科のチューリップや、ユリ科に近い植物も中毒の危険あり。

ユリ　チューリップ
スズラン　アルストロメリア
ヒヤシンス　スイセン　など

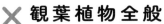

植物選び

✕ スイートピー

けいれんや衰弱を引き起こします。スイートピーを含むマメ科には猫に危険な植物が多数。

✕ ユーカリ

嘔吐や下痢、抑うつ、衰弱などを起こします。ドライフラワーでも毒性は変わりません。

✕ シクラメン

嘔吐や消化管の炎症、けいれんなどを引き起こします。とくに球根は毒性が強い部分。

✕ ポインセチア

嘔吐や下痢、皮膚炎を引き起こします。人も茎や葉の汁にふれると皮膚炎を起こします。

! アロマオイルも✕

アロマオイルは植物成分を凝縮したもの。植物中毒を起こしやすい猫にとって、よい影響がないことは明白です。猫がいる部屋では使わないようにしましょう。

マンガ

こんなトイレを用意して

猫の健康を左右するトイレ環境。置き場所、トイレ砂などベストを見つけましょう。

トイレが汚れてなくても、場所や砂が気に入らないと なるべくトイレに入らなくて済むように 我慢しちゃうこともあるよ
砂が気に入らないからイヤ!
トイレの場所が寒いからイヤ!
ひんやり
オシッコを我慢した結果 膀胱炎になっちゃったりする
リビングに置いてて いままで失敗なかったから 場所は大丈夫だと思うけど トイレ砂は数種類買って 試してみようかな
ベストを見つけたい
モグ
モグ
ちがう種類の砂を入れた容器を複数用意して
どっちが好みかな?
砂A
トイレの砂
砂B
ネコトイレ砂
どっちを使いたがるか 比べてみるといいよ
へー
すでに泌尿器の病気になっていて、そのせいでトイレを使わないって場合もあるよ! 膀胱炎などで排尿時に「痛い!」と感じると、
トイレに嫌なイメージがついちゃって、使わなくなったりするんだ
トイレ=痛い!
今回はトイレの汚れが原因ぽいけど…
排泄の失敗って いろいろな原因が考えられるんだね
ビビビビビ
粗相が治らないときは 獣医さんに相談だよ!
つづく

トイレ

トイレ環境を整えよう

トイレが快適でないと、床やベッドで排泄したり、病気を招いたりしてしまいます。

理想のトイレ

落ち着いた静かな場所にある

大きな音がする洗濯機やテレビのそばでは落ち着いて排泄できません。寝床や食事場所のそばでも排泄しないので、最低2mは離して。

屋根のないタイプ

屋外では猫は覆われた場所では排泄しないもの。屋根つき・扉つきトイレはにおいもこもりやすく、使いたがらない猫もいるよう。

猫の体長の1.5倍以上の幅

本来は広い砂場で排泄する猫。飼育下のトイレもなるべく広いものがおすすめです。衣装ケースなどを利用するのもよいでしょう。

粒が細かく汚れていないトイレ砂

自然の砂に近い、粒の細かいものが◎。数多くの種類がありますが、鉱物系の砂が最も好まれるよう。こまめに掃除して清潔を保ちます。

砂の深さは5cm以上

猫が掘っても底が見えない深さが必要。浅いと砂のかき心地がよくありません。

トイレいやいやサイン

トイレのフチに足をかけて排泄

空中をかくようなしぐさ

トイレのフチや横の壁を引っかく

排泄後、砂をかけずに急いで出てくる

これらのしぐさは猫がそのトイレを気に入っていない証拠。トイレがせまいから足をフチに乗せて排泄したり、排泄後に砂以外のところをかいたりするんだ
気に入ってないから砂をかけずに急いで出てくることもあるし、トイレ以外の場所で排泄しちゃうこともある。こういうサインが見られたら、トイレ環境を見直してみて！

！ システムトイレのメリット＆デメリット

掃除の頻度が少なく、オシッコの異変に気づきやすいのが長所。ただし大きい砂粒を好まない猫も多いよう。上のような「いやいやサイン」が見られたら粒の細かい固まる砂のトイレに変更してみて。

不快なトイレは排泄の失敗や病気を招く

排泄物がたくさん溜まっている、騒がしい場所にある、せまくて入りにくい。そんなトイレは猫だって使いたくなくて当然です。不快なトイレは床やソファーで粗相してしまう原因になったり、なかにはトイレに行くのを我慢して膀胱炎になってしまう猫も。猫の健康を守るためにも、快適なトイレ環境は欠かせません。

トイレを教える

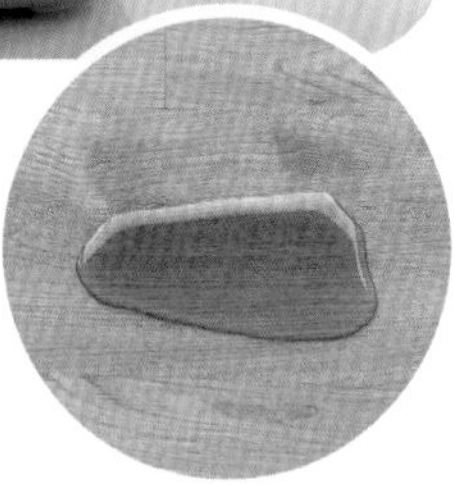

もし床の上などで排泄してしまったら、ティッシュなどで拭き取りそれをトイレの中へ。排泄物のにおいをつけて「ここはトイレ」と認識しやすくします。

トイレさえ用意すればたいていの猫は自然に覚える

猫は砂場で排泄する習性があるので、猫のいる場所にトイレを置いておきさえすれば、教えなくてもそこで排泄することがほとんど。家に迎えたばかりの猫は、ケージまたはせまい部屋に入れ、その中にトイレを用意しましょう。排泄したくなった猫はウロウロして砂場を探し始めるので、猫がそういうしぐさを見せたらトイレに誘導したり、抱いてトイレの中に入れてもよいでしょう。一度トイレでの排泄が成功したら、これでもうトイレトレーニングは完了です。

トイレの数

「猫の数＋1」個以上あるのが理想

飼い主さんがどれくらいの頻度で掃除できるかにもよりますが、少ないよりは多いほうがいいのが猫のトイレです。猫が2匹ならトイレは3個以上あるとよいでしょう。同じ場所に並べるより、1個は廊下、1個は寝室など、置き場所を変えるとなおよし。猫が気に入った場所を選んで使います。

ひとつのトイレを順番待ち、なんていう状態は排泄の失敗を招きます。

猫の数が多くてそんなにトイレを置けない場合も、
少なくとも「仲良しグループの数＋1」個を用意して

トイレ掃除

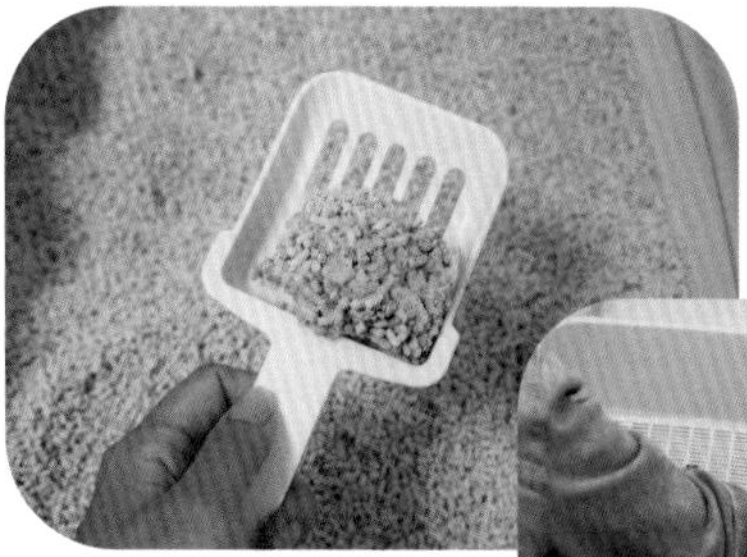

トイレ容器やスコップは定期的に洗浄します。

排泄のたびに掃除するのが理想

排泄物でいっぱいのトイレは使いたがりません。猫が排泄するたびに掃除するのが理想ですが、最低でも朝晩2回は掃除を。毎日掃除していても砂の吸収力はだんだん落ちて汚れてくるので、2～4週間に一度は砂を総入れ替えしましょう。

! トイレ以外で排泄したときは

排泄の失敗には理由があります。まずは理由を探りましょう。
猫を叱るのはまったく意味がないばかりか逆効果です。

推測 1 トイレが気に入らない

P.090の条件を満たしていないとトイレ以外で粗相する原因になります。すぐに改善しましょう。

推測 2 病気

病気で頻尿になりトイレまで間に合わなかったり、排泄時に痛むのを「トイレでオシッコすると痛い」と思い込みほかの場所で排泄することがあります。受診を。

推測 3 トラウマ

トイレ中にたまたま大きな音がしたなどが原因でそのトイレが怖くなり使わなくなることがあります。容器や置き場所を変えると解決するかも。

推測 4 マーキング

不安なことがあったり同居猫にライバル意識があったりすると、なわばり主張のためにオシッコでマーキングします。不安材料がなくなればしなくなりますが、オスの多頭飼いは多頭飼いをやめない限りマーキング癖が直らないことも多々。これぱかりは解決法がありません。

立ったまま後ろに飛ばすオシッコは「スプレー」と呼ばれ、マーキングの意味。

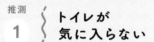

マンガ

体のお手入れは少しずつ

お手入れを無理にがんばるのは猫に嫌われていいことナシ。少しずつ慣らしましょう。

……
バッ
さあ ちくわ 爪切りしようねぇ
シュタン
痛て
逃っ
そんな怖い形相で迫ったら誰だって逃げちゃうよ
だって…
ちくわの爪切り一度もできてないんだよ!!
そんなに思い詰めなくて大丈夫だよ
まず猫の爪切りって何のためにやるかわかってる?
え――――と
切らないと伸び続けちゃうから?
猫の爪は人の爪と作りがちがって、爪とぎすれば外側の鞘が外れるようになってるんだ
血管&神経
爪が層になってるよ
バリ
バリ
パラリ
健康な猫なら伸び続けることはないよ
あ…そっか…

あれ、じゃあなんで爪切りするんだろ…？
先の尖った部分をなくすためだよ
尖った部分がなくなれば人やほかの猫を引っかいてケガさせたり
カーテンとかに引っかかることが減る
ゼロになるわけじゃなくて、減るだけだから爪切りできなくってもそれほど困ることないんだよ
そっか…いままで
とにかくやらねばならない
って思ってたな
どんなお手入れも、猫を無理やり押さえつけてやったら「嫌なイメージ」がついちゃうでしょ
少しずつ慣らすことのほうがずっと大事だよ
おやつをあげながら！
1本だけ爪切りさせてね
体をなでて、気持ちよくしてからブラッシング
「よいイメージ」をつける
猫の気持ちを無視してお手入れにやっきになってたら…
飼い主さんから逃げまくる猫になっちゃうかも
それは嫌
「ねばならない」を捨てて、スキンシップの途中で「ちょっとやってみよう」くらいでいいんだよ
うん!!
ゴロゴロゴロ
つづく

ボディケア

体のお手入れ方法

お手入れは手際よく短時間で終わらせられるようになりたいものです。

獣医師などのプロに見本を見せてもらおう

飼い主さんが方法をよくわかっていないと猫を無意味に長く拘束することになりますし、最悪、ケガをさせる恐れもあります。お手入れに慣れないうちは獣医師やトリマーなどプロに頼み、目の前で見せてもらってコツを学ぶとよいでしょう。

猫を体のお手入れに慣らすにはとにかく焦らず少しずつ行うこと。気づいたときにすぐ始められるよう、お手入れ道具をリビングなどすぐ手に取れる場所に置いておくのもコツのひとつです。

お手入れに慣らすコツ

① 体を触られることに慣らす

触れない猫にお手入れすることはできません。まずは触っても平気なように慣らして。

→P.124　基本のスキンシップ

② 道具に慣らす

道具はふだんから見える場所に置いておきます。しばし道具を猫の体にあてるだけの期間を作ります。

③ いっぺんに全部やろうとしない

爪なら1本、ブラッシングなら体の一部やれたらOK。猫が嫌がる前にやめるのがコツです。

④ ごほうびをあげる

お手入れの最中や終わったあとに、いつもはあげない特別なおやつをあげます。

爪切り

高齢猫や病猫は爪切りが必須

爪切りをかならずしなくてはならないのは高齢猫や病猫。活動量が減り爪とぎをしなくなって爪が伸び続け、自分の肉球に刺さることがあるからです。それ以外の猫は爪切りができなくても大きな支障はありませんが、嫌がらなければ月に一度くらい切るとよいと思います。爪の鋭い部分をなくせば人やほかの猫を引っかいても深い傷になりません。

お手入れ道具

猫用爪切り

ハサミ型の爪切りが一般的。

切る場所

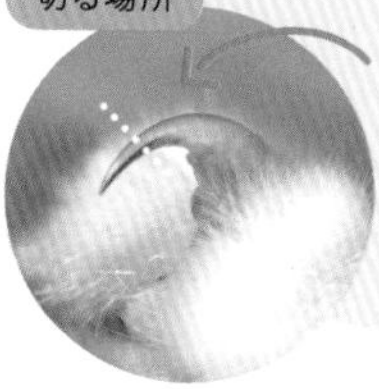

ココをカット

爪の根元の赤く透けている部分（血管）は避けて切ります。

① 爪を出す

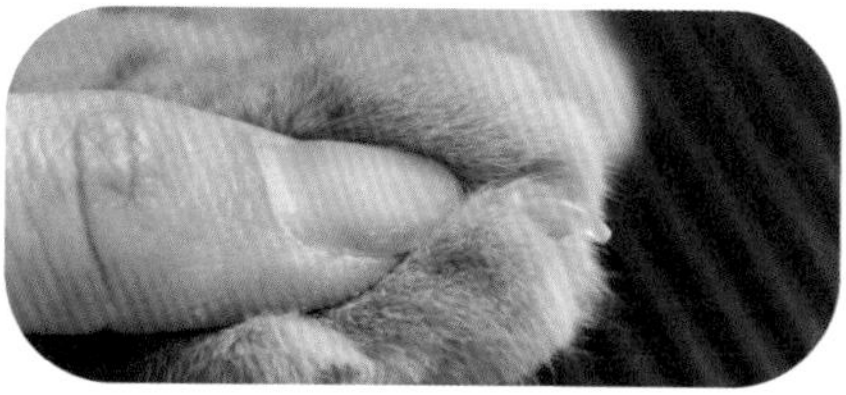

猫の指先を上下から押すと、しまわれていた爪がニュッと出てきます。

② 先端を切る

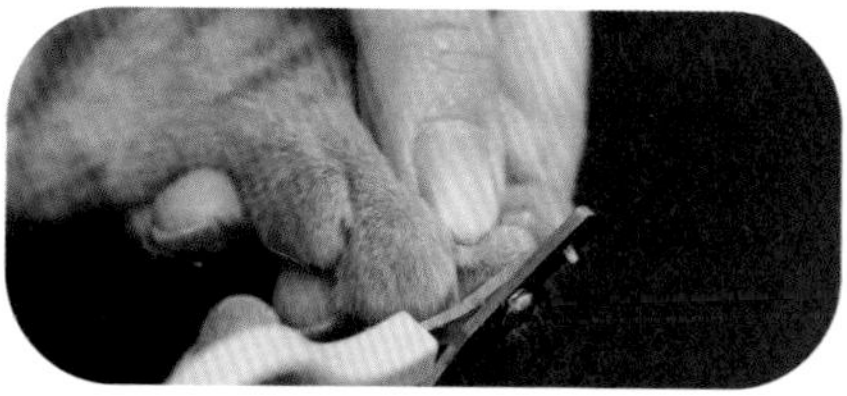

爪の先端に刃を当ててカット。

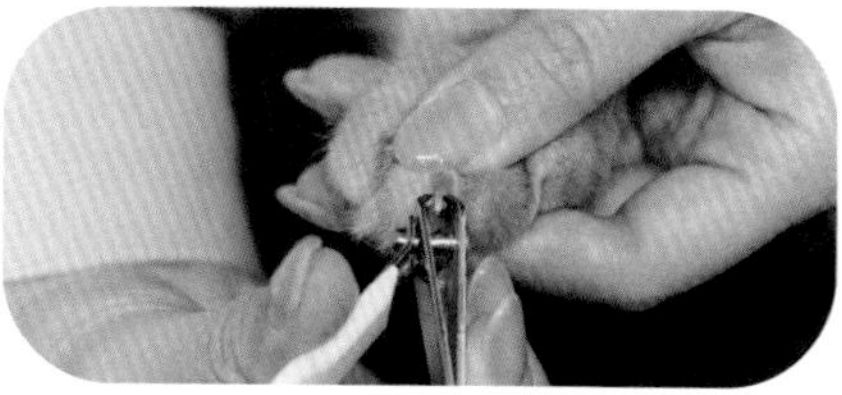

人用爪切りを使う場合、写真のように爪の左右から刃をあてて切ります。人の爪のように上下からカットすると爪が割れることがあります。

保《ほ》定《てい》のコツ

腕を猫の体の上にそっと乗せます。

抱きかかえるようにしても。

＊保定とは、治療やボディケアのために動かないように押さえておくことです。

ブラッシング

猫の健康を守り美しい毛並みを保とう

猫は被毛をなめてきれいにしますが、飲み込む毛の量が多いと嘔吐や胃腸炎の原因になります。これを防ぐためには定期的なブラッシングが必要。皮膚の新陳代謝を促したり毛ヅヤをよくしたりもできますし、部屋の中に落ちる抜け毛を減らすこともできます。とくに春と秋の換毛期は頻繁に行いましょう。長毛種は放っておくと毛が絡まってしまうため、1日1回ブラッシングを。

→P.202　毛球症

短毛種

① 顔まわりから始める

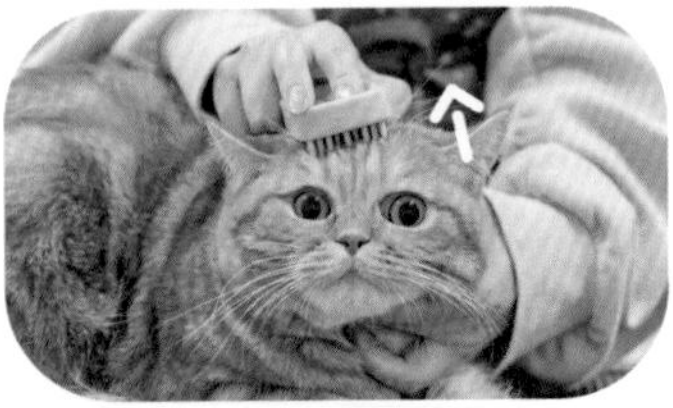

顔まわりは触られて気持ちのよい部分。まずはここを毛並みに沿ってブラッシング。猫をリラックスさせます。

② 背中を中心にブラッシング

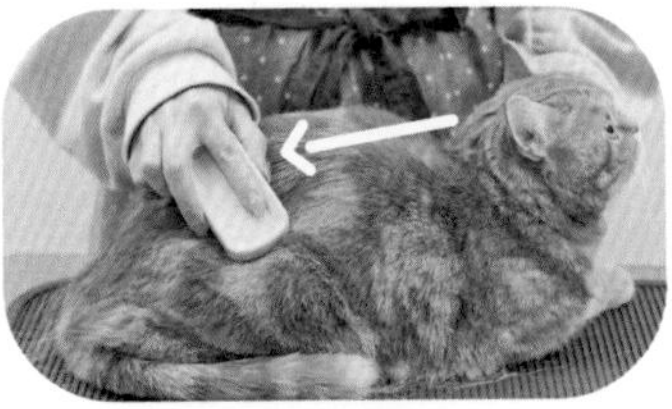

抜け毛が多いのは背中側。毛並みに沿ってマッサージするようにブラッシング。

③ おなか側は手早く

おなかは嫌がる猫もいます。背中側ほど抜け毛は多くないので短時間で終わらせます。

お手入れ道具

ラバーブラシ

ゴム製のブラシ。抜け毛を絡め取ります。

手でなでるようにブラッシングできる、グローブ型ブラシもあるよ

長毛種

① 顔まわりから始める

猫が自分でなめることができない顔まわりは、触られて気持ちのよい部分。まずはここを毛並みに沿ってブラッシング。猫をリラックスさせます。

② 背中側をとかす

抜け毛が多いのは背中側。毛並みに沿ってマッサージするようにブラッシングします。

③ 脇、股、しっぽをとかす

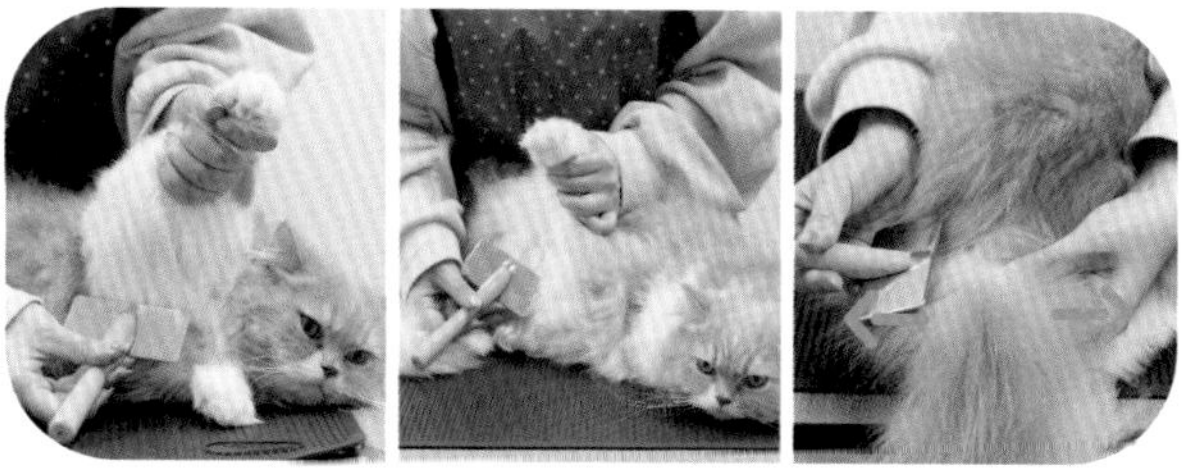

脇や股はこすれて毛が絡まりやすい部分。足を持ち上げてとかします。しっぽは中央から左右へととかします。

④ おなか側は手早く

猫が寝転がっているときにやってもOK

猫の体を起こしておなか側も手早くとかします。

お手入れ道具

スリッカー

細いピンがくの字になっているブラシ。毛の奥まで入り込むので長毛種に適しています。皮膚に強くあてると痛いので優しく。

足裏とおしりまわりの毛はカットすると◎

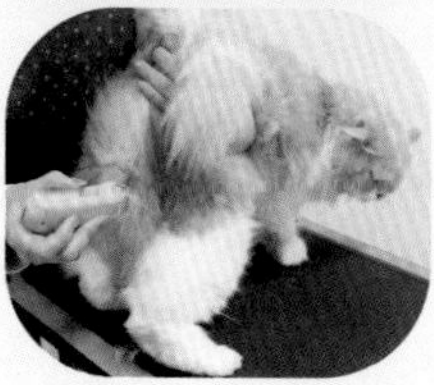

足裏の長い毛をカットすれば歩くとき滑りにくく、おしりまわりの毛を短くすれば排泄物がつきにくくなります。自分でやるのが難しければトリミングサロンや動物病院に依頼しましょう。

歯磨き

長生きのためには歯磨きが必要

ケアをしないと3才以上の猫の8割が歯周病になるといわれています。人と同じで歯の健康は全身の健康とつながっていて、歯周病になると内臓にも悪影響を及ぼします。歯周病が進行すると痛みでものが食べられなくなりますし、治療するにも全身麻酔が必要です。元気で長生きするために、ぜひ歯磨きに慣らしたいものです。

➜P・200 歯周病

① 歯を触ることに慣らす

まずは指で歯を触ることに慣らすことからスタート。口を大きく開かなくても歯には触れます。指に液状おやつや歯磨きペーストをつけて触ります。

② シートやガーゼで歯磨き

デンタルシートや湿らせたガーゼを指に巻き、歯の表面をこすります。一番歯垢がつきやすいのは奥歯です。はじめは数秒でOK。

③ 歯ブラシで歯磨き

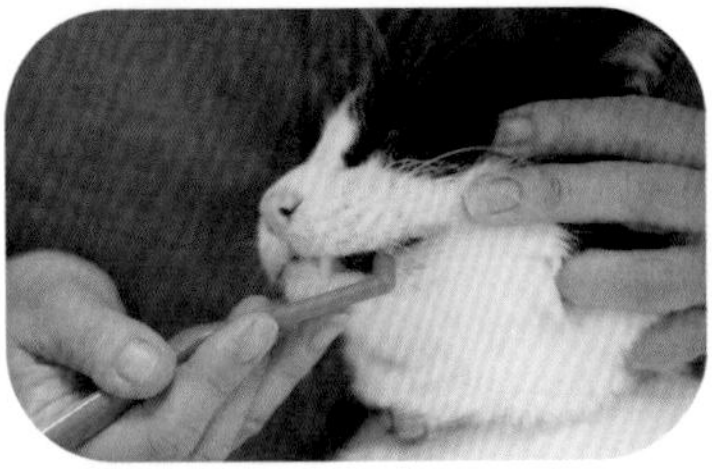

濡らした歯ブラシに歯磨きペーストをつけ、歯と歯茎の間をブラッシング。終わったらごほうびのおやつをあげます。

お手入れ道具

猫用歯磨きペースト

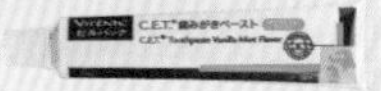

歯石をつきにくくする効果があります。

歯ブラシ

猫用歯ブラシのほか、人間の赤ちゃん用歯ブラシ、歯間ブラシでも代用可能。

デンタルシートやガーゼ

できないときは歯磨きスナック

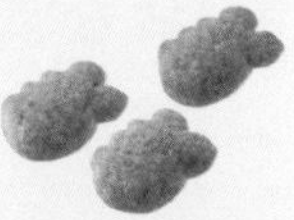

噛むことで歯垢の沈着を押さえる効果があります。猫が好む味がついています。

耳垢

お手入れ道具

綿棒

ペット用イヤークリーナー

綿棒で掃除

クリーナー液をつけた綿棒で見える範囲だけを掃除。あまり奥に入れると傷つくので注意。多量の耳垢は耳ダニ感染の恐れあり。

目ヤニ、涙

優しくぬぐう

ガーゼやコットンにクリーナー液または水をつけて、目頭から目尻に向かって優しくぬぐいます。

お手入れ道具

ガーゼやコットン

ペット用ボディクリーナー液

全身に使える電解水などがあります。

あご下

汚れは拭き取る

あご下には分泌腺があり、皮脂が溜まると「痤瘡（ざそう）」と呼ばれる黒いブツブツができます。クリーナー液またはぬるま湯に浸したコットンで優しく拭き取ります。炎症や脱毛があるときは病院を受診しましょう。

→P.200　痤瘡

ペルシャなどマズルの短い猫種は、涙がこぼれおちやすく目の下が湿りがち。そこに菌が繁殖して毛が変色したり皮膚炎を起こすことも。病院で診てもらってね

シャンプー

一部の猫は定期的なシャンプーが必要

短毛種は基本的にシャンプーは必要ありません。自分で行う毛づくろいやブラッシングで十分清潔を保てます。しかし長毛種は食べ物や排泄物の汚れが毛につきやすく、ブラッシングだけでは不十分。また短頭種は舌が短いため上手に毛づくろいできません。こうした猫は幼いうちからシャンプーに慣らすとよいでしょう。自分で洗うのが大変なときはペットサロンを利用するのも手です。

① タライにお湯を張り、猫を入れる

猫の体温である38℃前後のお湯をタライに張り、猫を足からゆっくり入れます。

② タライにシャンプー液を入れ、お湯を全身にかける

シャンプー液をお湯に入れて薄め、そのお湯で猫の全身を濡らします。

お手入れ道具

猫用シャンプー&リンス

肌のpHが人とは異なるため、かならず猫用のものを使います。

猫を入れるタライ

手桶

バスタオル

スポンジ製の吸水タオルがおすすめ。

布巾

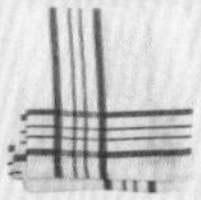

ドライヤー

両手が使えるよう、ドライヤースタンドも用意。

スリッカー

コーム

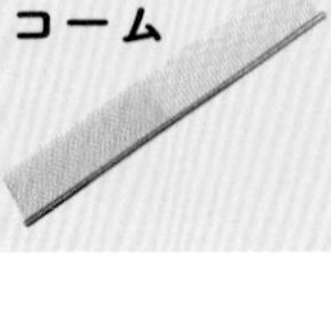

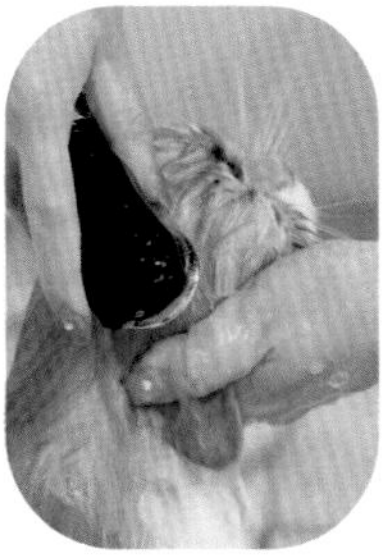

耳介を指で押さえながら流せば、耳の中に水が入りません。

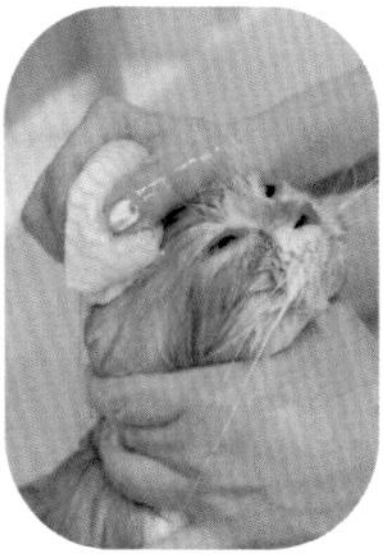

顔まわりは布巾にお湯を含ませ、それを絞ることで洗い流してもOK。

⑥ 二度洗いする

猫の皮脂は一度では取り切れないことが多いので、二度洗いするのがおすすめ。③～⑤をくり返します。

⑦ リンスをかける

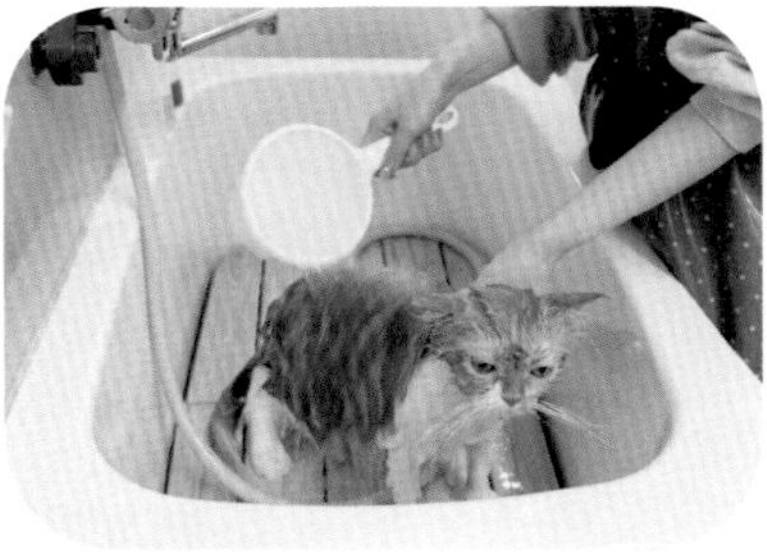

手桶にお湯を張り、リンス液をとかします。猫の背中側からお湯をかけ、手で全身になじませます。その後シャワーでよく流します。

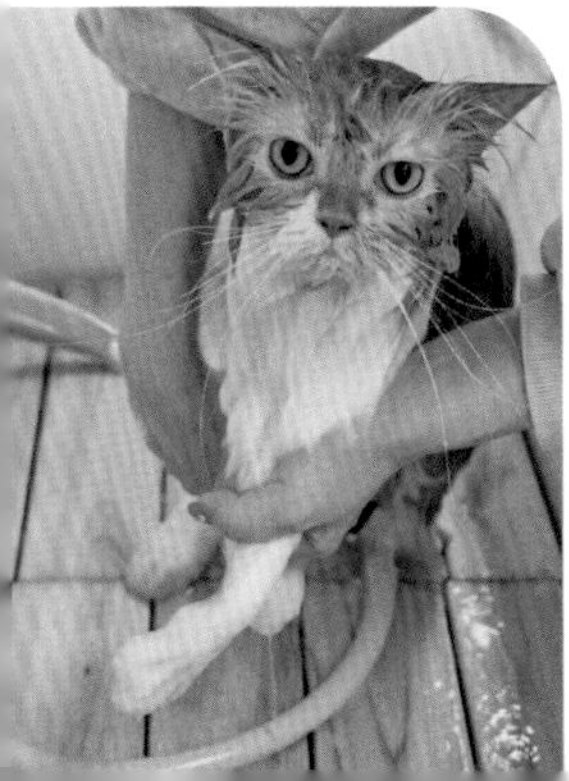

⑧ 水を絞る

タオルドライの前に、猫の足やしっぽを握って水を絞ります。

③ 全身を泡立てて洗う

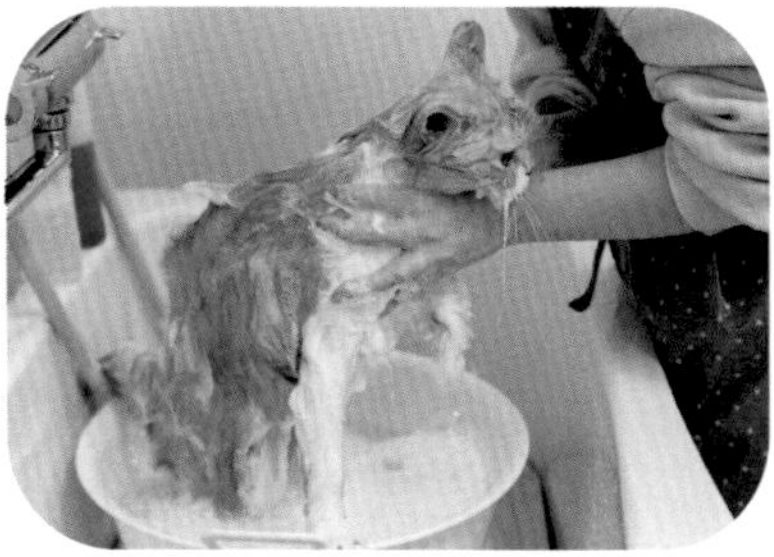

毛の根元までお湯が行き渡るように手でもみ込んでいきます。

④ 顔まわりは目や耳に水が入らないように

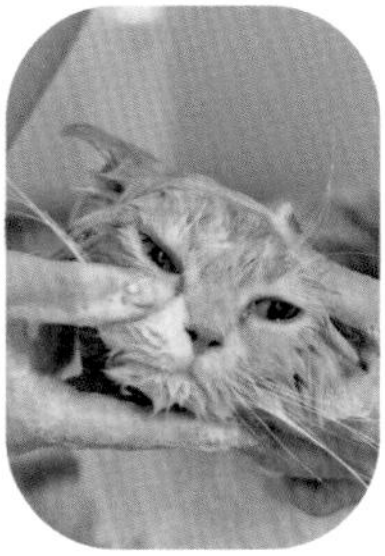

顔まわりは指先を使って優しく洗います。目に入ると痛いので気をつけて。

⑤ シャワーで流す

38℃前後のお湯でシャンプー液を流します。シャワーヘッドを猫の体にぴったりくっつけるようにすると水音が小さくなり猫が怖がりにくくなります。

⑫ スリッカーやコームでとかしながら乾かす

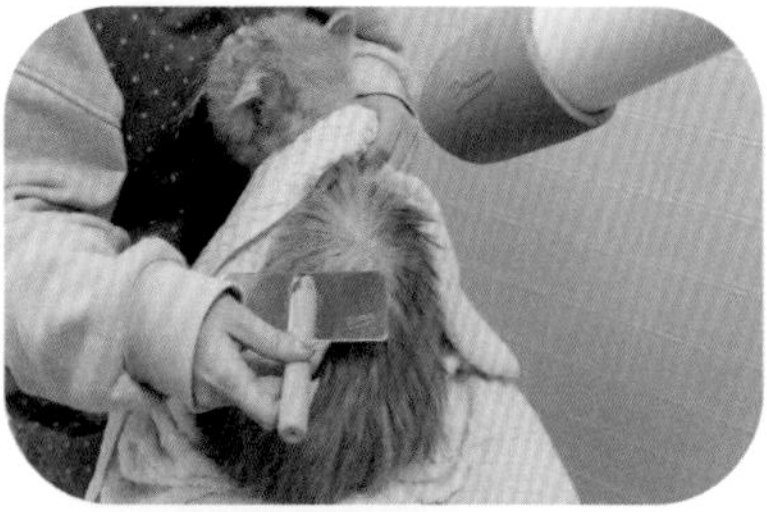

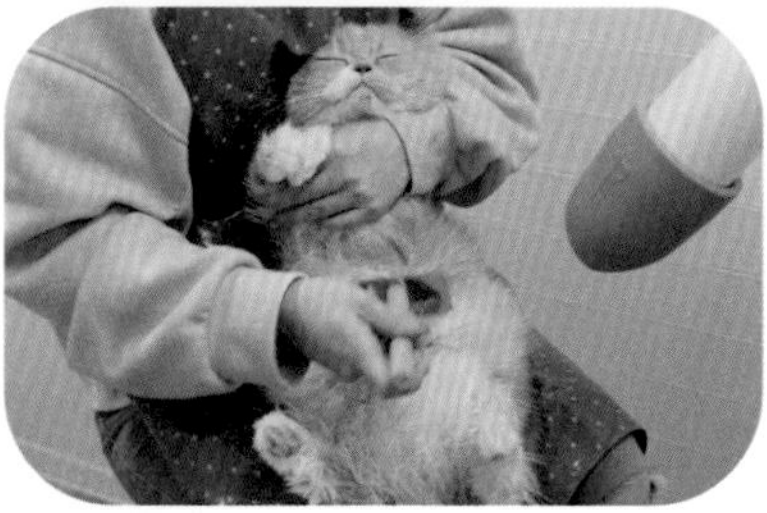

体の毛はスリッカーなどでとかしながら風をあてるとふんわりサラサラに。

⑬ 最後に冷風をあてる

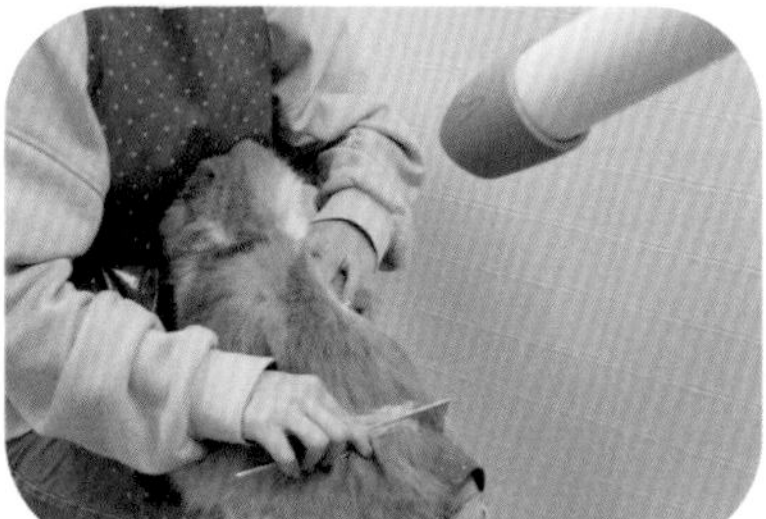

全身乾かし終わったら、最後に冷風をあてて乾かしモレがないかチェック。

⑨ タオルドライ

全身をタオルで包んで水を吸い取ります。

⑩ タオルで巻く

新しいタオルで猫の首から下を包みます。背中側でタオルの両端をつかめば保定できます。

⑪ ドライヤーをあてる

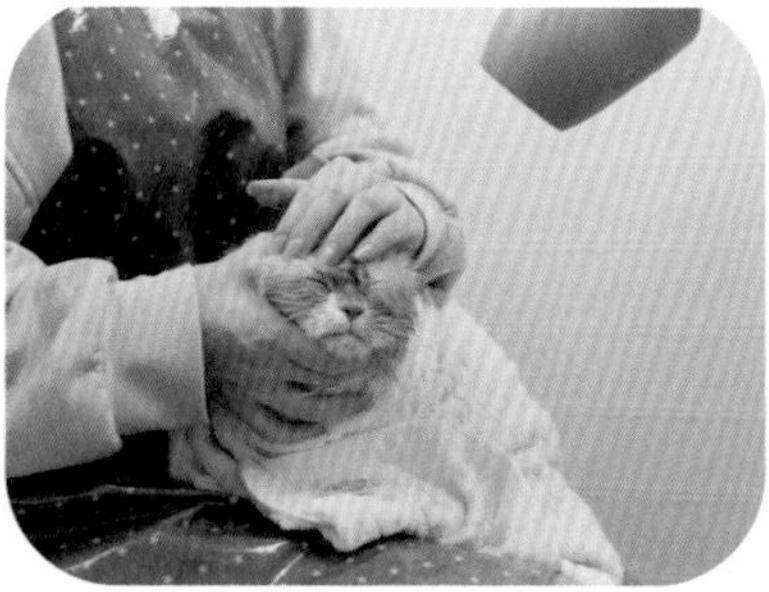

60℃くらいの温風を出し、まずは顔から乾かします。指先で顔の毛をかきわけながら風にあてます。

くすぐったいの

ちくわ
ブラッシングするよー
ザッ
ザッ
くすぐったい〜
うひ〜
ズリ
ズリ
ほふく前進
どこ行くの
ちくわ
おたすけ
待ってよー
撮影係
かわいー
みんなで移動

肛門腺絞り

肛門腺とは…

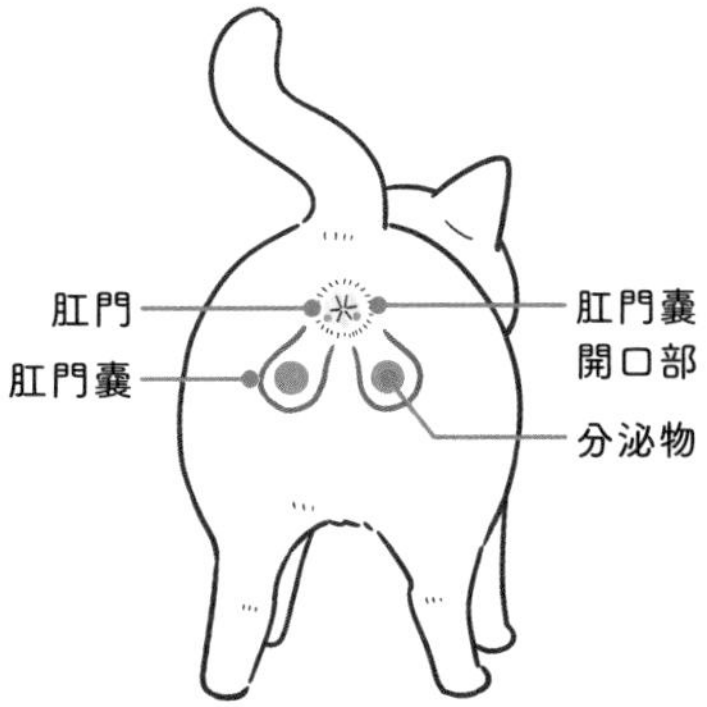
肛門
肛門嚢
肛門嚢
開口部
分泌物

なわばり主張などに使う強いにおいの分泌物を出す組織で、肛門の左右に分泌物を溜める袋（肛門嚢）が一対あります。分泌物の溜まりやすさには個体差があり、溜まりやすい猫は定期的に絞って排出する必要があります。溜まりすぎると炎症を起こしたり、袋が破裂したりします。

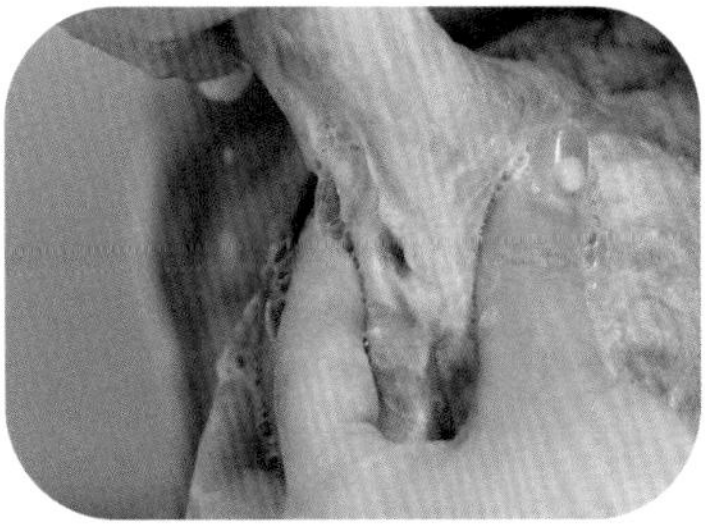

肛門の左右をつかんで絞り出す

肛門の左右をぎゅっと挟むと分泌液が出てきます。コツがいるので最初は動物病院などで処置してもらうと◎。

室温

暑さ対策、寒さ対策

一年中快適に過ごしてもらうため、室温や湿度にも気を配りましょう。

とくに夏場は冷房がないと命に関わる

猫が快適と感じる気温は18～26℃。その範囲外の気温は不快ですし、暑すぎても寒すぎても病気を招きます。とくに夏場は冷房が必須。布団にもぐりこめば何とかなる冬とちがい、暑さはエアコンで解消するしかありません。帰宅したら猫が熱中症になって倒れていたなんていうことのないよう、人の不在中もエアコンを使いましょう。

あわせて、ひんやり素材のマットや、冬場はペットヒーターなどを上手に活用するのがおすすめです。

夏

エアコン必須！

一日中エアコンを入れておくか、タイマー設定で暑い時間帯だけ稼働するようにしておいてもよいでしょう。人の不在時も猫のために空調が必要です。

扇風機のみはNG

暑い部屋で扇風機だけを回しても熱い空気が動くだけ。エアコンと併用しましょう。

！ サマーカットの注意点

暑さ対策にはなりますが皮膚が露出しない程度に毛を残して。皮膚を露出すると虫に刺されやすい、紫外線の影響が大きいなどのデメリットがあります。

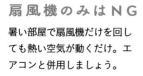

ぬくぬく

冬

もぐり込んで温まれる場所を作る

布団や毛布など、猫が自由にもぐり込める場所を作っておきましょう。同居猫がいればいっしょにもぐって温まることもできます。

ペットヒーターで暖をとらせる

暖房とペットヒーターを併用しても。ペットヒーターのみで大丈夫な日もあるでしょう。

表は高温、裏は中温と
使い分けられるものもあるよ

加湿器で風邪予防

乾燥していると猫も風邪をひきやすくなります。加湿器などで湿度40％以上をキープします。

ストーブでのやけどに注意

ストーブに猫が飛び乗ったり触ったりするとやけどします。灯油ストーブなどはかならずまわりを囲って。

→P.185　やけどの応急処置

快適な気温の場所を猫に選ばせる

暑いとき

寒いとき

どの季節も大事なのは温かい場所と涼しい場所の両方を用意し、猫自身に選ばせること。別の部屋に行けるようドアストッパーを使うのも◎。

万一のときの身元表示

愛猫と離ればなれになりたくなければ、迷子札やマイクロチップが必要です。

災害時の備えとしても身元表示は必須

愛猫が迷子になったとき、誰かが保護してくれたとしても迷子札やマイクロチップがないと家には戻って来られません。保健所に収容されたら、最悪の場合殺処分される恐れもあります。悲しい事態を招かないためには身元表示が必要です。いくら脱走対策をしていても、災害時には窓や壁が割れて逃げてしまう恐れがあります。東日本大震災でとある動物救護施設に保護された猫たちは、全員迷子札やマイクロチップがなく飼い主が探せませんでした。

いろんな迷子札

金属に彫刻

金属のプレートに彫金してもらうタイプ。

首輪と一体型

ぶら下げるタイプより邪魔になりません。

キャッツIDカラー❶

カプセル

防水カプセルの中に連絡先を書いた紙を入れるタイプ。

迷子札

飼い主の電話番号などを記入しておけば、迷子になったときに戻ってくることができます。食事などの邪魔にならないよう、なるべく小さいものを選びましょう。

➔P.178　災害への備えも必要

＊商品お問合せ先はP.015

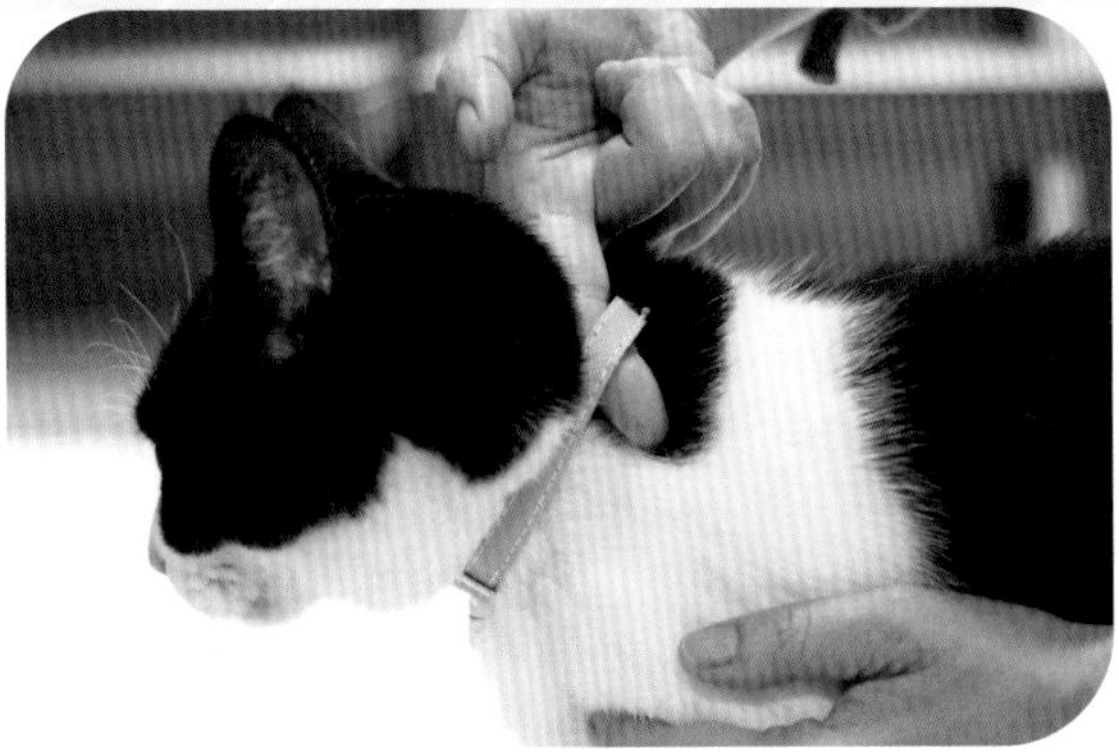

首輪は緩すぎるとNG

人の指1本入るくらいに調整します。緩すぎると何かに引っかかってしまったり、猫が首輪を外そうとして前足を引っかけ、猿ぐつわ状態になってしまうことがあり危険です。

ブカブカ…

子猫には子猫用首輪

成猫用をそのままつけるとブカブカで危険。子猫用首輪に替えるか、布製首輪なら途中に結び目を作るなどして縮めてから使用します。

力が加わると外れるセーフティーバックルも

セーフティーバックルとは首輪が何かに引っかかったとき、猫が動けなくなることを防ぐためのもの。ただし首輪が外れると猫の身元もわからなくなり一長一短。首輪が緩すぎなければ、何かに引っかかることも少ないはずです。

マイクロチップも利用しよう

皮下に挿入するマイクロチップは首輪とちがって外れることはありませんし、身元表示として半永久的に機能します。2022年6月以降にペットショップやブリーダーから購入した猫にはマイクロチップが入っていますし、それ以外の猫も動物病院で入れることができます。ただし、入っているだけでは不完全。飼い主の情報をデータベースに登録する手続きが必要です。

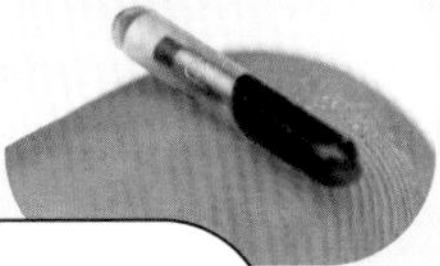

直径1〜2㎜、長さ8〜12㎜の円筒形を首の後ろの皮下に埋め込みます。装着による弊害はほぼなし。

マイクロチップが入っているのに
飼い主の情報が登録されていなくて
家に戻れなかった例があるんだ

留守番

留守番してもらうときは

旅行や出張で家を空けるときは、ペットシッターを頼むなどの準備が必要です。

2泊以上不在にするなら誰かにお世話を頼む

不在が1泊以内で飼っているのが健康な猫なら、下記のような準備をして猫だけで留守番させて大丈夫。ただし1泊でも幼い子猫や病猫の場合はペットシッターを頼んだり、ペットホテルやかかりつけの動物病院にあずけるほうが安心でしょう。2泊以上は基本的にどんな猫もお世話の依頼が必要です。

多頭飼いは用意しておいたフードを食いしん坊の猫が独り占めしてしまう恐れがあるため、猫だけの留守番は難しい場合が多いでしょう。

1泊以内なら猫だけで留守番も可

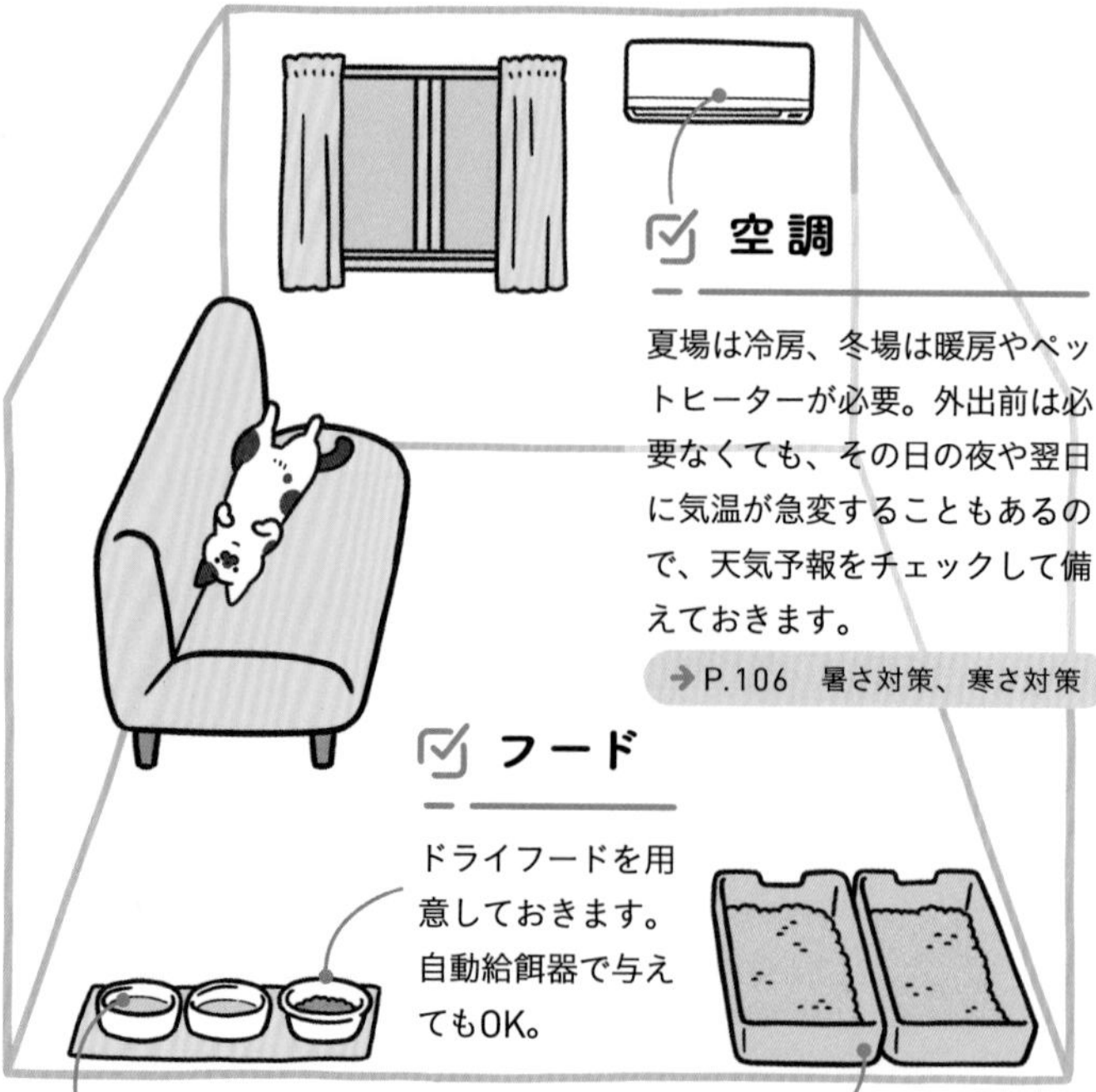

空調

夏場は冷房、冬場は暖房やペットヒーターが必要。外出前は必要なくても、その日の夜や翌日に気温が急変することもあるので、天気予報をチェックして備えておきます。

→P.106　暑さ対策、寒さ対策

フード

ドライフードを用意しておきます。自動給餌器で与えてもOK。

水

こぼしてしまったときなどのために、水皿を複数用意しておきます。

トイレ

掃除ができないのでいつもより多くトイレを用意します。

→P.090　トイレ環境を整えよう

心配ご無用

子猫はケージで留守番

数時間の留守番でも、子猫はケージに入れておくほうが安心。イタズラ盛りなので不在中に何をするかわかりません。

ペットシッターや知人に来てもらう

合鍵を渡して猫のお世話に来てもらいます。ペットシッターは事前に面接をして打ち合わせを。信頼できる人物かどうかも見極めましょう。

ペットホテルや動物病院にあずける

動物病院は具合の悪いときすぐに治療ができるのがメリット。ホテルも病院もワクチン接種が済んでいないとあずけられないことがほとんどです。

ケージではなく部屋で過ごせるタイプのホテルもあります（右）。
ねこべや東京店

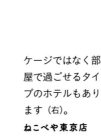

レポートマンガ

ペットシッター体験記

多頭飼いの卯山家
トイレはすぐ汚れ
ウンチをしました!!
ごはんもすぐなくなる
空腹です!!
さっき食べたでしょ
なので1泊以上家を空けるときはペットシッターを頼みます
年に1回か2回くらい
ペットホテルも利用してみたけど…
……
慣れない場所でガチガチに緊張
無理にさわられて帰宅後も一晩鳴き続けた
ニャー
ニャー
ニャー
ニャー
ニャー
ニャー
うちの場合はペットシッターのほうが猫たちもストレスが少なさそう
ペットホテルの場合
家↔ホテルの移動
慣れない場所で
1〜2日間
慣れない人にお世話される
ペットシッターの場合
慣れた家で
1日90分くらい
慣れない人がお世話しに来る
生活環境の変化が少ないほうがいいなー

ペットシッターさんは
基本的なお世話なら
だいたい受け持ってくれます
ごはん
投薬や目薬
おくすり
トイレ掃除
遊び
通院
アニマル
などなど
時間や回数も
カスタマイズできるよ
うちは午前と夜の2回
45分ずつ
シッターさんを利用するときは
シッターさんに家の合鍵をあずけて
鍵預り証
シッターさん
留守中の家で
ペットの世話をしてもらいます
おじゃましまーす
だれだ
だれだ
他人に家の鍵渡すの
怖いよね! わかる!
私も最初はめちゃくちゃ
怖かったので、信用できる
業者を慎重に探しました
口コミ・SNSもしっかり
チェック!!
じっ…

我が家はラッキーなことに
初めてのシッターさんが
とても良い方だったので、
ずっと指名しています
はじめまして
感じのいい人だ
感じのいい人だ!!
かわいい〜
猫にも大人気
猫の様子と写真を
スマホに送ってもらえるし
ペットシッターさん
ペ
ごはん完食していました
トイレ、うんち2ヶ所
おしっこ3つありました
よく遊んで寝てます
元気そうだ
もし体調を崩しても
対応してもらえるから
行きつけの動物病院はここです
留守中の心配はかなり減ります
見守りカメラもつけてる
が、
みんなに触りたい…
猫…
猫…
飼い主のほうが
猫不足になってしまうので、
結局あまり家は空けません
2泊が限界

Part 3

猫とぐっと仲良くなろう

マンガ

猫に好かれるコツ

猫が好きなのに好かれないというアナタ、ついかまいすぎていませんか？

すぅ…
すぅ…
……
妬…
なぜだ…あきらかにショウタのほうがちくわに好かれてる…
ナナコは猫をかまいすぎるんだよ
……
「かまってモード」のときにいっぱいかまってあげるのがいいってわかってるでしょ
かまってモード
放っておいてモード
ナナコは「放っておいてモード」のときもちょっかい出すから…
うぅ…
溢れる猫愛で我を忘れてしまうの
だからほら、かまいすぎない僕のほうが好きだって
ドヤヤン
キィッ
愛が裏目に！
これがいわゆる「猫好きな人ほど嫌われる現象」…
どうすれば挽回できる？

まず基本中の基本
猫のほうから寄ってくるのを待つこと！
待
……
実際、猫のほうから寄ってきたときにかまってあげたほうがコミュニケーション成功率が高いっていうことが実験でわかってるんだよ
猫にふれたい気持ちをぐっと抑えて、向こうから近づいてくるのを待っててね
わかった
ぐっ…
あと…
しつこくしないことも大事！
しつこい…
スキンシップが好きな猫も長時間触られるのはストレスだからね
触る場所は猫が自分でなめることのできない首から上
それ以外は嫌がられる可能性があるよ
あと、猫とのコミュニケーションは「触る」より「遊ぶ」のほうがハードルが低いよ
さわる ＞ 遊ぶ
「触られる」のは嫌な猫でも「遊ぶ」のは好きな場合が多いからね
遊んでるうちに距離が縮まるよ
そうなんだ
ちくわが起きてるときに遊びに誘ってみる！
つづく

仲良くなる

猫との距離の縮め方

いきなり距離を縮めようとすると警戒する猫がほとんど。段階を踏みましょう。

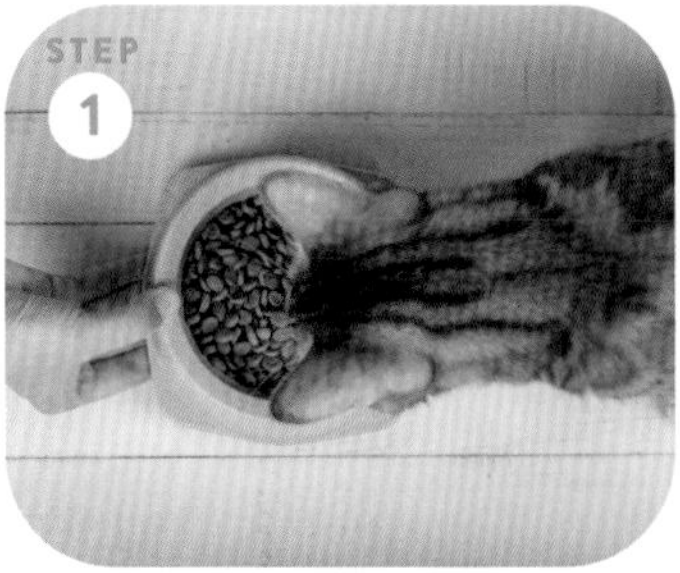
STEP
1

ふだんのお世話

まずは毎日お世話しながら猫と自然になじむことが大切。「食事をくれる（嬉しいことをしてくれる）人」と認識してもらうためには、自動給餌器は使わないほうがいいでしょう。

↓

STEP
2

いっしょに遊ぶ

猫じゃらしを追いかけたくなるのは猫の本能。「この人といると楽しい」と認識させましょう。物理的な距離も縮まります。

→P.120　猫といっしょに遊ぼう！

↓

STEP
3

スキンシップ

スキンシップを許すのはだいぶ気を許した証拠です。猫が触られて気持ちのよい場所を覚えましょう。

→P.124　基本のスキンシップ

↓

STEP
4

抱っこ

かなり慣れていても「抱っこはイヤ」という猫は多いもの。どの猫も抱っこできるわけではありません。

→P.126　猫が安心できる抱っこ

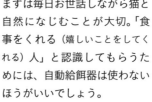

モフりたい気持ちを抑えて猫の信頼を得よう

猫を飼ったからにはなでたり抱っこをしたい。その気持ちはよくわかりますが、もしあなたが自分より何倍も大きい相手に愛でられるとしたらどうでしょう。信頼できないうちに触られるのは恐怖ですよね。相思相愛になるためには、まず自分が怖い相手ではないことを猫に認識してもらうこと。すぐに懐く猫もいればなかなか気を許さない猫もいますが、のんびり気長に待つことが大切です。

　人懐っこさには個体差があり、なかには極端なビビリで数年経っても触れない猫もいます。臆病さも個性のひとつとして愛せる、度量の広い飼い主でいたいものです。

! 慣れていない猫にはタブーの行動

✕ ガン見

見知らぬ相手をじっと見るのは、猫の世界では「ケンカを売っている」サイン。慣れたらじっと見つめてもOKです。

✕ すばやい動き

すばやい動きは猫を緊張させます。自分より何倍も大きい相手でも、ゆったり動いていたらそう怖くありません。

○ 見つめたいときはゆっくりまばたき

猫を見つめたいときは、目を細めてゆっくりまばたきしながら見つめると◎。リラックスや親愛のサインになります。仲の良い猫どうしもそうやって見つめ合います。

✕ 大声

大声は威嚇のサインになってしまいます。猫には静かで優しい声で話しかけましょう。猫が聞き取りやすい高めの声だとさらによし。

猫といっしょに遊ぼう！

猫は野生では狩りをする動物。狩りのような動きをさせて本能を満たしましょう。

おもちゃの選び方

ベーシックな猫じゃらしが一番！

さまざまなおもちゃがありますが、奇をてらわず、棒の先にモフモフがついたベーシックな猫じゃらしをまずは選びましょう。

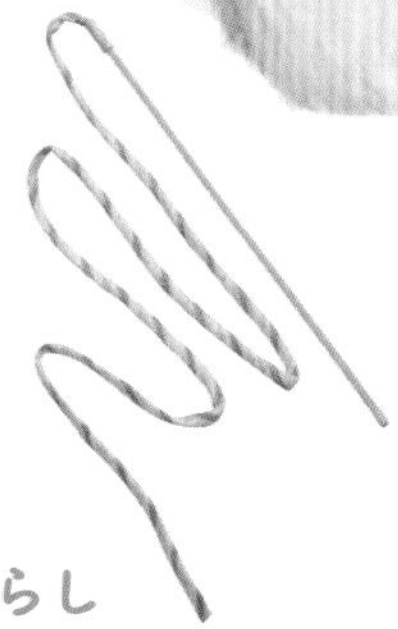

長い猫じゃらし

ビビリで人に近づいてこない猫は、長い猫じゃらしで誘いましょう。

カシャカシャひもじゃらし❶

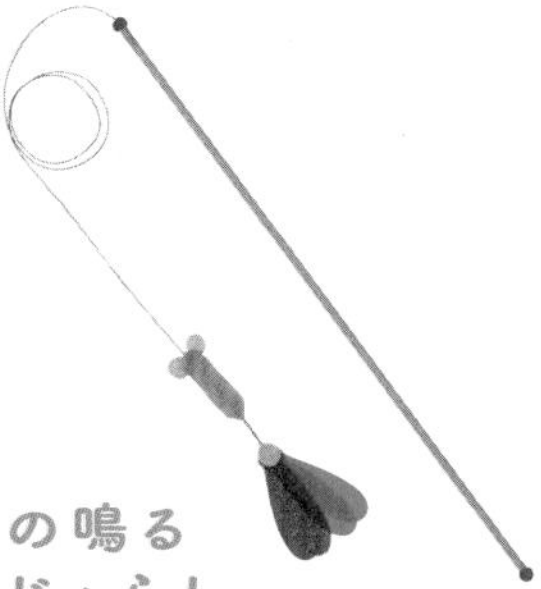

音の鳴る猫じゃらし

セロファンや鈴がついた猫じゃらしは猫の興味を大いに引きます。

カシャカシャぶんぶん❶

! 危険なおもちゃ

パーツが取れやすい

じゃれているうちにパーツが取れて飲み込んでしまう恐れがあります。

おもちゃはふだんはしまっておき、猫と遊ぶときだけ取り出して。出しっ放しにすると飲み込む事故が起きる危険があるのでNG！それに、いつでもそこにあると猫の興味が薄れてしまうんだ

猫が丸ごと飲み込める大きさ

興奮して丸飲みしてしまい、胃腸に詰まる事故が起きる恐れがあります。

＊商品お問合せ先はP.015

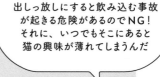

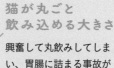

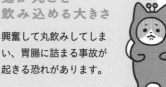

遊び方のコツ

1 獲物の動きをイメージ

猫の獲物となるネズミや虫、鳥などの動きをいかにうまく再現できるかが最大のコツ。問われるのは飼い主の演技力です。

2 はじめはかすかな音だけ

獲物はあからさまに目の前に現れたりはしません。まずは猫じゃらしを振ったり床にこすりつけたりして小さな音を出します。

3 チラッとだけ見せる

しっかり見えないからこそ興味を引かれます。家具の後ろや自分の体の後ろから猫じゃらしをチラッとだけ見せてすぐ隠します。

4 緩急つける

獲物は単調に動いたりしません。すばやく動いたと思ったらピタッと止まりちがう方向へ。予測できない動きが猫の興味をそそります。

! 人の手で遊ばせない

人の指にじゃれつかせるのはNG。「人の手＝噛んでよいもの」と覚えてしまいます。

5 布や段ボール、紙袋と組み合わせる

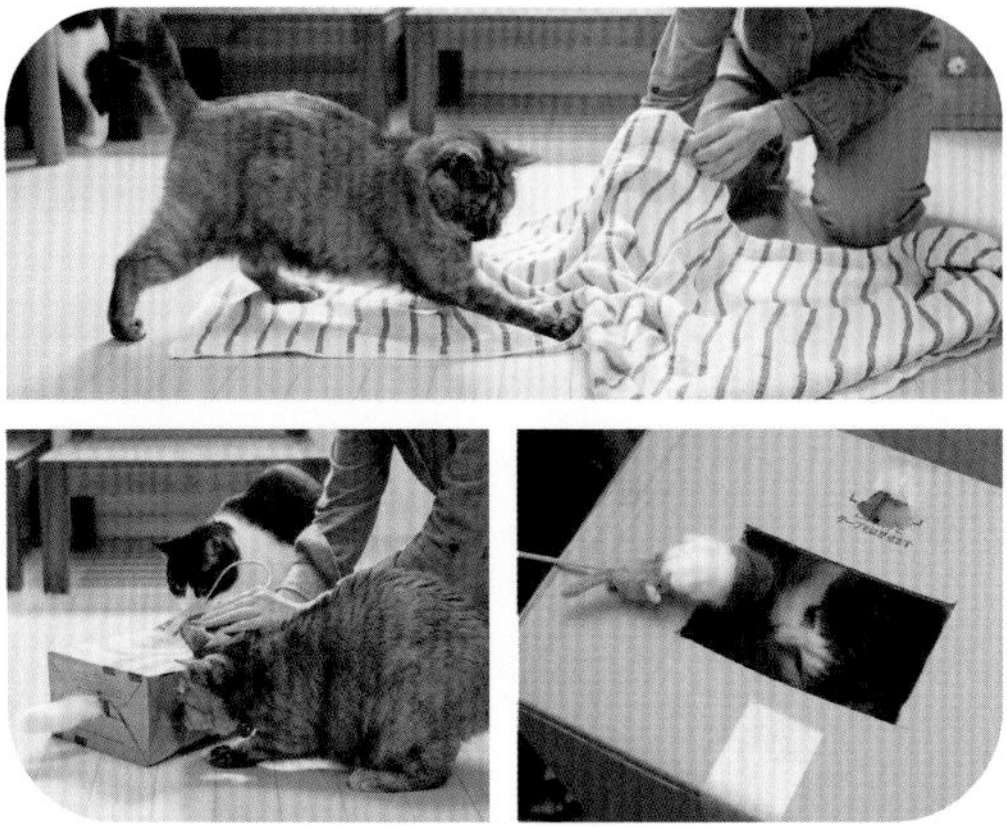

布の下でモゾモゾさせたり、段ボールや紙袋に開けた穴越しに猫じゃらしを振ると大興奮。猫じゃらしが見えた一瞬を狙いに来ます。

6 元気な猫はジャンプさせる

興奮が高まってきたら猫じゃらしを大きく振り上げて猫をジャンプさせます。体力のあり余っている猫にはエネルギー発散のよい機会になります。

7 猫がおもちゃをくわえたら引っぱりっこ

猫がおもちゃを口にくわえても、すぐには離しません。何度か引っぱりっこして、抵抗する獲物を演出しましょう。

猫の瞳孔をチェック！

おもちゃを見つめる猫の瞳孔が
ぐっと大きくなったら興奮のしるし。
つぎの瞬間に飛び掛かってくるので、
サッと動かして。
ますます猫が夢中になるよ

お気に入りのおもちゃ

猫のおもちゃって ついつい 買ってきちゃうよね
今日も 新しいの 買っちゃった
うんうん
そんなちくわの お気に入りおもちゃ ランキング!
とうぜんだね
第3位 猫おもちゃの袋!
第2位 パーカーのひも!
ぐい ぐい
第1位 丸めた紙くず!
わあ あああ
複雑ぅ…
いいんだけどね

8 最後はおもちゃをゲットさせて終了

最後は仕留められた獲物を演出。手から猫じゃらしを離し猫に渡せば大満足。そのまま放っておくとおもちゃを誤食する危険があるので、しばらく経ったらおもちゃを片づけます。

実物をゲットできない
レーザーポインターなどで
遊ぶときは、欲求不満に
ならないよう、別の
おもちゃを最後に渡す
などの工夫をしてね

遊ぶ時間がないときは電動おもちゃでもいい

人が遊んであげるのが一番ですが、時間が取れないときは電動おもちゃなどを利用してもかまいません。紙を丸めてボールにするだけでも遊び盛りの猫は喜びます。

スキンシップ

基本のスキンシップ

猫が受け入れてくれやすい方法や触ってよいところ、悪いところを知りましょう。

人の手に慣らす

1 最初のあいさつは指で鼻キス

遠くからそっと人差し指を伸ばし猫の顔の前へ。猫が指先のにおいを嗅いだら猫式あいさつの終了。あなたのにおいを覚えます。

手を怖がる猫には手でおやつをあげるのが効果的。手によいイメージをつけます。

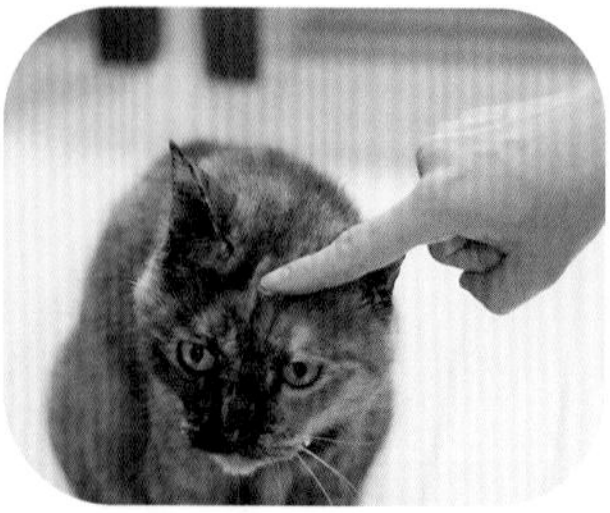

2 指1本で顔まわりをなでる

猫式あいさつをしたら、その指で猫の顔を触ります。怖がりな猫ははじめ1秒で終了。終わったら手でおやつをあげます。

3 指を2本、3本と増やしていく

「猫式あいさつ→指で顔を触る→おやつ」をくり返しながら、顔を触る時間を少しずつ長くします。猫が慣れたら指の数も増やしていきます。

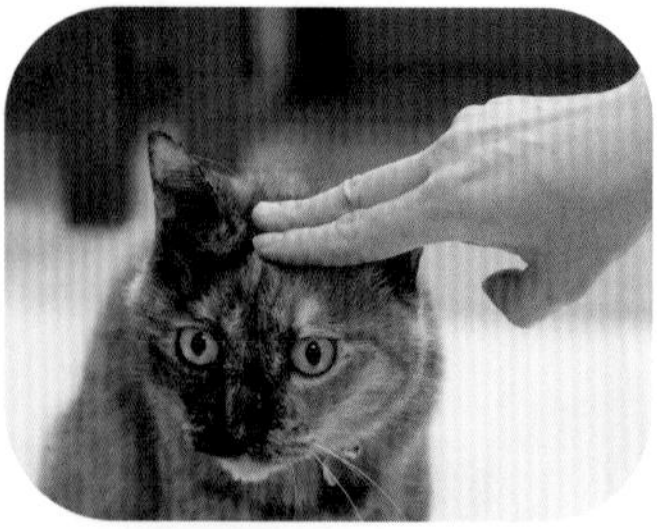

こんなふうに手の平全体でなでるのは慣れてから！

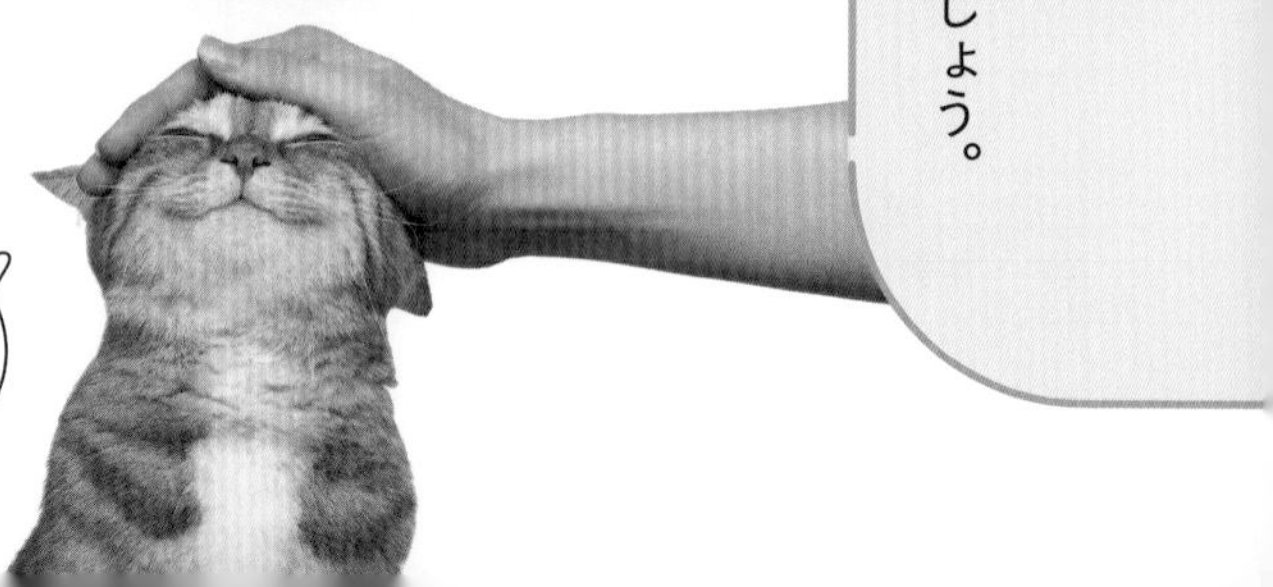

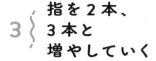

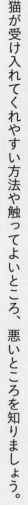

触ると喜ぶ場所＆嫌がる場所

◎ 額

◎ 耳の前

◎ 頬

◎ あご下

顔まわりは分泌腺があってむずがゆい場所。自分ではなめることができないので、指先でカキカキすると喜びます。

△ 背中

可も不可もなし。顔まわりの延長で触るのは◎。

× しっぽ

敏感な場所。カギしっぽの曲がった部分などはとくに嫌がります。

△ 腰

腰をトントンすると喜ぶ猫と、嫌がる猫が半々。

× 足

猫どうしでは毛づくろいしない場所。爪切りのときも優しく持って。

× おなか

動物の急所。無防備な猫でないと触らせません。

体より顔まわりが
気持ちいい！

スキンシップしながら健康チェック

猫の体を触りながら皮膚に異常がないか確認しましょう。しこりや脱毛、傷、ブツブツがないかチェック。いつもは平気なのに触ると痛がるのは異変のサインです。

→P.152　ふだんの健康チェック

猫の「もうイヤ」サインを見逃さない

基本的に猫は長時間触られることを好みません。なでられて気持ちよさそうにしていた猫がいきなり噛んできたりするのは触る時間が長すぎたせい。限界が近づくとしっぽをパタパタ振ったり耳が横を向いたりするので、こうしたサインが見られたら触るのをやめましょう。

抱き方

猫が安心できる抱っこ

慣れている猫でも嫌がることの多い抱っこ。抱っこにはコツがあるんです。

抱っこ好きな猫はそう多くない

抱っこが好きな猫は多くありません。理解してほしいのは、抱っこが嫌い＝飼い主さんが嫌いではないということ。「うちの猫は私を信用してないから抱っこさせてくれない」わけではありません。動物にとって、体を拘束されるのは本能的に怖いものなのです。

ただ、抱き方が悪いせいで抱っこが嫌いになることもあります。猫が安心できる抱き方を覚えましょう。抱っこのあとはおやつをあげてよいイメージをつけるのも忘れずに。

安心抱っこ

1 両手で猫の胴体を持ち上げる

片手で猫の胸を、もう片手で下腹部を持ち上げます。

2 片手で猫のおしり、片手で猫の胴体を支える

猫の体と人の体が密着するように抱えます。猫が自分から人の上に乗っかったように、猫の足裏がすべて人の体に着いている状態だと猫が安心していられます。

猫の前足は人の体の上
猫のおしりをしっかり支える
腕で猫の胴体をホールド

大人気

不安な抱っこ

✕ おしりを支えない

足がブラブラして不安定ですし、体重が一部だけにかかって苦しい状態です。

✕ 赤ちゃん抱っこ

仰向けに抱えられるのは猫にとっては不安な姿勢。

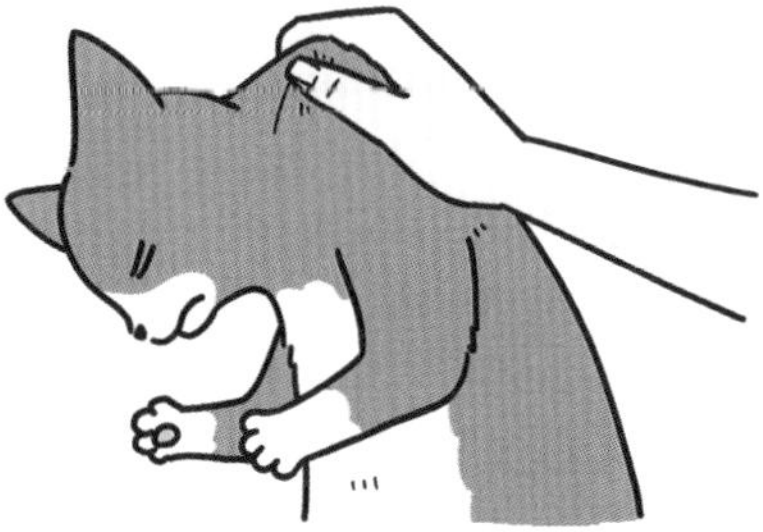

✕ 首すじをつかんで持つ

首に全身の体重がかかるのは、幼い子猫でない限り苦しいもの。かならずおしりを支えましょう。

マンガ

猫とのくらしで困ること

猫が困った行動をしたときの対処のしかた、考え方を知りましょう。

ちくわのベッドのそばに垂直方向にとげる爪とぎ器を置いておけば、
そこで爪とぎしてくれるかも？
可能性は高いね
あとはいま爪とぎしてる壁の場所に爪とぎ器を設置するのもいいよ
でも爪とぎ器のすぐ横の壁で爪とぎしちゃう気もするなぁ
そこはツルツルすべる爪とぎ防止シートを貼ったり、家具で隠す！
すべての壁にシート貼るのは大変そうだし
家具で隠すのも限界ありそう…
…あれ？もしかして…
気づいたようだね
猫の行動を完全に制御するのはすごく難しいんだ
猫だもの
パパーン
なので最後の手段は「あきらめる」！
バーリ
バーリ
最後はね！
そっか…
いくらがんばっても思い通りにいかないこともあるし
あきらめるほうが精神衛生上よい場合も多々あるよ
猫とくらすにはあきらめも大切ね…
つづく

困った行動

困った行動への対処法

やめてほしい行動はどのように防いだらよいか覚えておきましょう。

物理的にできないようにするのが一番

大前提として、猫に「ココ乗っちゃダメ」などと言ってしつけることはできません。叱って教えようとしても無理。飼い主さんがいないときにやろうとしますし、飼い主さんを避けるようになるリスクもあります。

最初に取るべき対策は「物理的に防ぐ」こと。入ってほしくない場所はロックする、爪とぎされたくない場所はシートで覆うなどです。猫に危険が及ぶ場合（灯油ストーブの上に乗るなど）、対策はこの一択です。

「天罰式のしかけ」や「遠隔罰」と

乗ってほしくない、入ってほしくない場所がある

① 物理的に防ぐ

ドアや扉はロックをつけて開けられない、入れない状態にします。棚はモノを隙間なく乗せて、物理的に乗れない状態にする方法もあります。

危険がない場所だったら、
「乗ってOK」な場所に
しちゃうのもいいと思うよ～

いう方法もあります。天罰式のしかけとは、あたかも天罰が下ったかのように猫にとって嫌なことが自動的に起きるようなしかけを作っておくこと。たとえば猫が棚に乗ると、端にあった缶が落ちるなどです。落ちた缶が大きな音を出し、驚いた猫はその後その棚に乗らなくなる、といった具合です。

遠隔罰とは、棚の例でいえば猫が乗ったとき、飼い主さんが猫に水鉄砲を噴射するなど。猫は水に濡れるのを嫌うので乗らなくなるという理屈です。ポイントは飼い主さんがやったとわからないように行うこと。ただし、これは猫がその行動をした瞬間に罰を与えなければ効果がないため、現実的にはなかなか難しい対処法です。

② 天罰式のしかけを作る

乗るとテープがくっつく

乗ると大きな音が出る

粘着テープが足にくっつく、缶が落ちて大きな音が出るなどで嫌な思いをすると、その場所に近づかなくなります。ただし、これは猫の性格にもよります。嫌なことが起こっても懲りずにまた乗ろうとする猫もいるので人間との根気比べ。また、しかけがあると人間も日常生活が不便になるのがデメリットです。

③ 遠隔罰を与える

猫が棚に乗った瞬間に水鉄砲で水をかけたり、缶を投げて大きな音を出したりします。ただし飼い主さんのしわざとわかると、飼い主さんがいないときにやろうとします。

! 体罰は絶対NG!

叩くなどの体罰で猫をしつけようとするのは絶対ダメ。飼い主さんがいないときを狙ってやろうとするだけで効果はありませんし、猫が飼い主さんを怖がるようになる、ストレスで情緒不安定になるなどデメリットだらけです。

壁や家具で爪とぎ

① 猫の好みの爪とぎ器を探す

水平／段ボール製

垂直／麻縄製

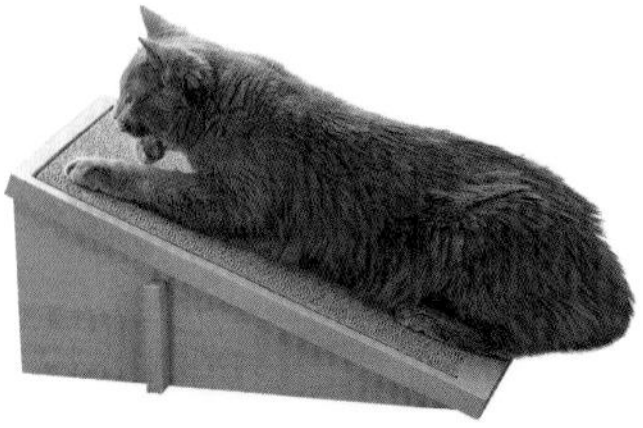

斜め／段ボール製

その猫にとって最もとぎ心地のよい爪とぎ器を与えれば、壁や家具で爪とぎすることは少なくなるはずです。いろんな材質、向きの爪とぎ器を試してみましょう。

（左上）バリバリパッド スリムⒶ（左下）スクラッチスロープⒾ（右）ニャンまるも爪とぎⒾ

② 猫が爪をとぎたい場所に設置

猫がすでに爪とぎをした場所に設置するのが一番確実。寝床のそばも使う確率が高いでしょう。**（左）壁に貼れる爪とぎボード（右）新どこでも爪とぎマット ソファアーム用　ともにⒾ**

こんな商品も！

引っかき傷がつきにくい壁材

爪の引っかき傷がつきにくい特殊強化化粧シートを採用。**ハピアウォールハードタイプII**Ⓛ

引っかき傷に強い壁紙

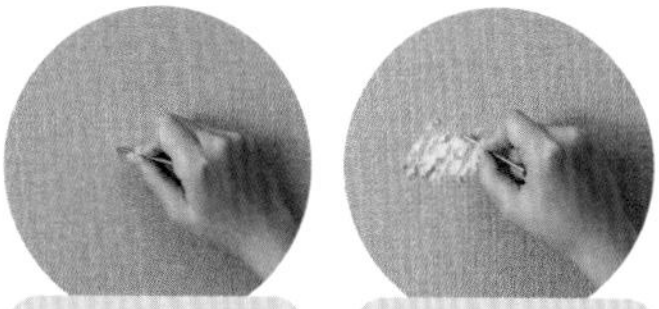

スーパー耐久性　一般ビニル壁紙

表面強度が高く引っかき傷に強い「スーパー耐久性」タイプの壁紙。Ⓜ

引っかき傷に強いソファ

引っかきに強い生地を使用したソファ。引きつれを発生させるJIS規格の強度試験で、最も強いとされる5級を取得。**ネコが引っ掻いてもほつれにくいソファ ノーヴァ**Ⓝ

③ においなどで興味を引く

用意した爪とぎ器をなかなか使わないときは、猫の前足を爪とぎ器にあててみます。肉球から出る分泌物のにおいが爪とぎ器につけば使うようになることがあります。ほかに、マタタビの粉を少量爪とぎ器に振りかけると興奮してバリバリしはじめることも。

④ 爪とぎされたくない場所には対策をする

ツルツルすべって爪がとげないシートを壁に貼ったり、猫が嫌いなにおいをつけてその場所に近づかないようにします。（左）**ツメ傷保護シート**Ⓙ（右）**ヒッカキノン100**Ⓚ

爪とぎは猫の本能だから、やめさせることはできない。
爪のメンテナンスのためだけじゃなく、
気分を発散するために爪とぎすることもあるんだ

＊商品お問合せ先はP.015

早朝に起こされる

食事の要求で起こされるなら、朝ごはんは自動給餌器に任せるのも手。

ごはんー!

根負けして起きると翌朝も早朝に起こされる

猫が最も活発になる時間帯は早朝と夕方。動いていればおなかも減ります。走ったり飼い主さんにちょっかいを出したりしているうちに飼い主さんが起きてごはんをくれればしめたもの。翌日からも同じことをくり返します。安眠妨害決定です。

猫にそんな癖をつけたくないのなら、一度も要求を叶えないことが大切。寝室には猫を入れないのも手でしょう。いくら騒いでも起きないことがわかれば、猫も起こすのをあきらめます。

毎朝同じ時間に
食事をあげるように
すれば、その時間を
待つようになるよ

! たまに要求を叶えると、さらにしつこくなる

要求が「毎回叶う」のと「たまに叶う」のとでは、後者のほうがのめり込みやすくなることがわかっています。人がギャンブルに夢中になるのと同じ原理。ですから「たまにならいいか」は逆効果。家族によって対応がちがうのもよくありません。のめない要求は一貫して無視する必要があります。

カーテンをよじのぼる

① 物理的に防ぐ

よじのぼれない
ロールカーテン
に替えてみます。

カーテンをよじのぼるのは体重の軽い子猫がほとんど。大きくなったらやらなくなることが多いよ

② 嫌なにおいをつける

猫が嫌がるにおい（柑橘系など）をカーテンにつけて近寄らせないようにします。

布を噛む

① 物理的に防ぐ

家中の布類を徹底して隠します。

② 嫌なにおいをつける

猫が嫌がる柑橘系などのにおいを布につけて、布に近づかないようにします。

③ 繊維質を与える

繊維質を摂りたくて布を噛むという説があります。猫草を与えたり、繊維質の多いフードに替えてみるのも手です。

ウールサッキングという問題行動

布類、とくにウールを猫がかじり、飲み込んでしまう問題行動があります。かじるだけならよいのですが、噛みちぎって飲み込んでしまうと大変。胃腸に詰まると命の危険もあります。獣医師にも相談し、対策を練りましょう。シャム系の猫種に多く、遺伝的な要因も疑われています。

人を攻撃する

猫が攻撃する理由を探り改善方法を見出す

猫が人を激しく攻撃する、出血するほどケガさせることが頻繁にある場合は改善が必要です。それには猫がなぜ攻撃するのか見極めが必要。攻撃を起こすタイミング、場所、状況などを元に判断しますが、素人ではなかなか難しいため獣医師や動物行動治療の専門家に相談するとよいでしょう。

ここではよくある理由とその改善方法を紹介しますが、これ以外の攻撃理由も多くあり、それぞれ改善方法が異なります。なかには「同居猫に攻撃されたから腹いせに飼い主さんに噛みついた」という、八つ当たりのような理由も見られます。

また、病気やケガが原因で攻撃性

基本の対策

1 病気やケガによる攻撃でないか確認

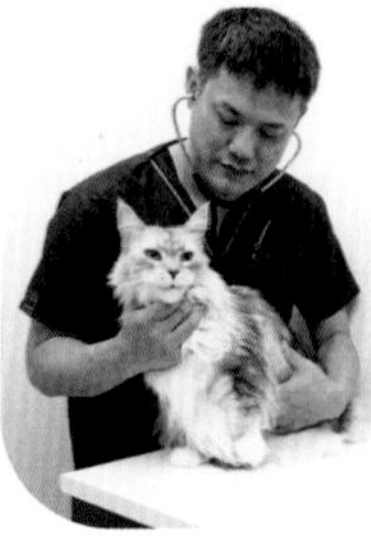

てんかんなどの脳疾患、甲状腺機能亢進症などの内分泌疾患で攻撃的になることも。体に痛みがあってもイライラして攻撃性が増します。

2 猫の本能を満たす環境を整える

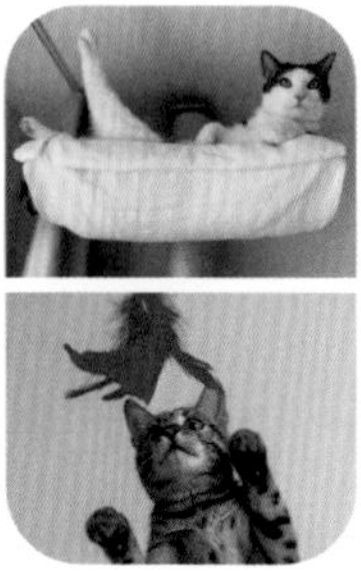

遊ぶものがなく狩りの本能を満たせない、高い場所に乗れないなど満足できない環境だと、ストレスが溜まり攻撃性が増します。

3 攻撃されたときに大騒ぎしない

×

痛い！

噛まれたときに声を出して大騒ぎするのはNG。興奮して攻撃が激しくなったり、「飼い主が反応した」というごほうびになってしまいます。

ほかの猫と遊ぶ経験がないと噛み癖がつきやすい

猫は猫どうしでじゃれあっているうちに「強く噛むと相手が怒る」と学び、力加減を覚えていくもの。ずっと1匹で育った猫はこうした経験ができず噛み癖がつきやすくなります。

が増すことも。その場合は治療で改善します。去勢・避妊手術を済ませることも大切。未手術だとなわばり意識が高まり、なわばりを守るために攻撃性が増すからです。

攻撃理由別の対策

パターン1 遊びが高じて

① 嫌な味をつける

猫が嫌がる味を、猫が噛みつく場所にあらかじめ塗っておきます。**噛みぐせノン**Ⓚ

② 遠隔罰を与える

猫が噛もうとしたら空き缶を床に投げて大きな音をたて、猫を驚かせます。「噛むと嫌なことが起こる」と思い込ませます。

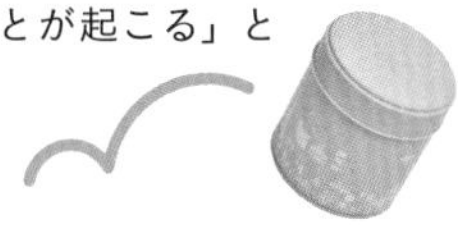

③ よいことがなくなることをわからせる

噛まれたら部屋を出ていき、しばらく帰ってこないようにします。猫としては飼い主と遊びたかったのに遊べなくなる状態です。

パターン2 恐怖

① 恐怖の原因を取り除く

人が大声を出したとき攻撃するのであれば大声を出さない、窓の外の野良猫を見たときに攻撃するのであればカーテンを閉めておくなどして、原因を取り除きます。

② 取り除けない原因はじょじょに慣らす

たとえば玄関チャイム音を怖がる場合、まずは最小の音を聞かせながらおやつ。おやつを与えながら少しずつ音量を上げて慣らします。

薬やサプリで不安を減らす

情緒不安定な猫には抗うつ剤や鎮静剤、不安を軽減させるサプリメントの投与も効果あり。獣医師に相談してみましょう。

＊商品お問合せ先はP.015

目・耳・ヒゲにご注目！

表情からわかる気持ち

顔のパーツの向きや動きに、
そのときどきの猫の気持ちや欲求が表れています。

期待しているとき

そのおやつ
くれるの？
ヒゲ 前方に向く
耳 ピンと立って正面向き
目 対象をしっかりと見つめる

「(○○して) ほしい！」と期待に胸がふくらむと、前のめりな気持ちから、視線もパーツも前向きに。

リラックスしているとき

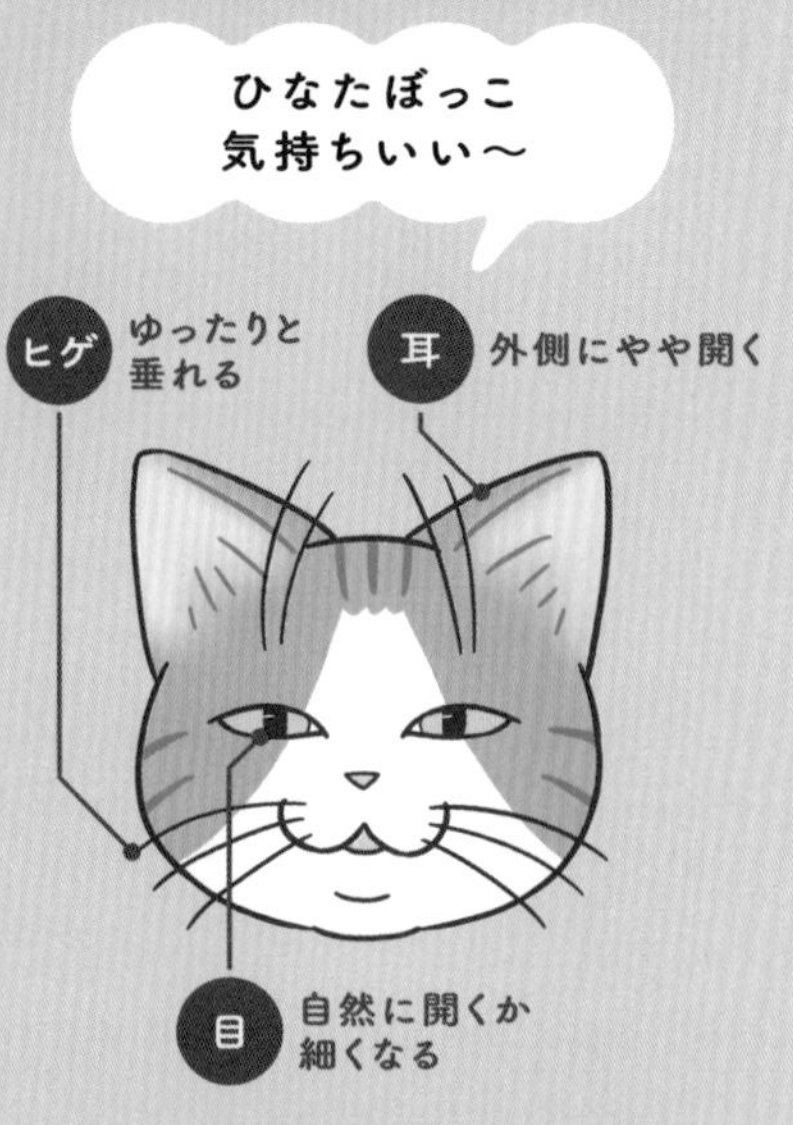
ひなたぼっこ
気持ちいい～
ヒゲ ゆったりと垂れる
耳 外側にやや開く
目 自然に開くか細くなる

なごんでいると、筋肉がほぐれて穏やかな表情に。目頭には、ふだんは隠れている白い瞬膜《しゅんまく》が出てくることも。

猫の感情の基本は安心感と警戒心

群れでくらしてきた犬とちがって、猫は本来、1匹だけで生き抜く単独行動の動物。「ここは敵に狙われやすくて危険！」「ここは食べ物の心配がなくて安心」と、つねに生死の心配をしてきました。そんな名残から、家でくらす猫も落ち着ける環境を好み、いざ危険を察知すればすかさず逃げて身を隠すなど、安心と警戒をうまく切り替えながら生きています。

興奮してきたとき

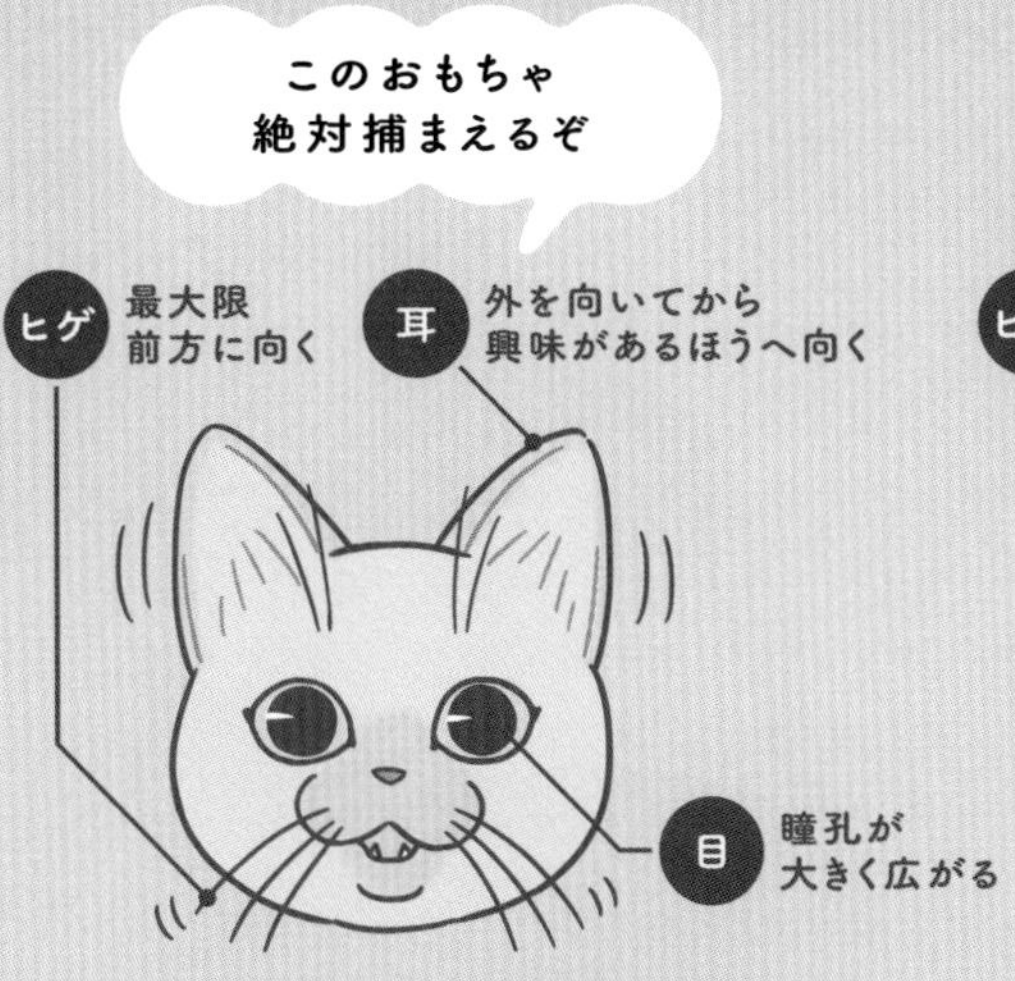
このおもちゃ
絶対捕まえるぞ
ヒゲ
最大限
前方に向く
耳
外を向いてから
興味があるほうへ向く
目
瞳孔が
大きく広がる

ワクワクでいっぱいの状態。瞳孔がまん丸に広がり、ヒゲもぐんと前向きになったら、高揚感マックス。

気になったとき

このカサカサって
音はなんだ？
ヒゲ
大きく
前方に向く
耳
ピクピクと動く
目
瞳孔が
瞬間的に
細くなる

動くものや聞き慣れない音や声に気づくと、情報を集めようとして神経を集中させます。

攻撃的な気分のとき

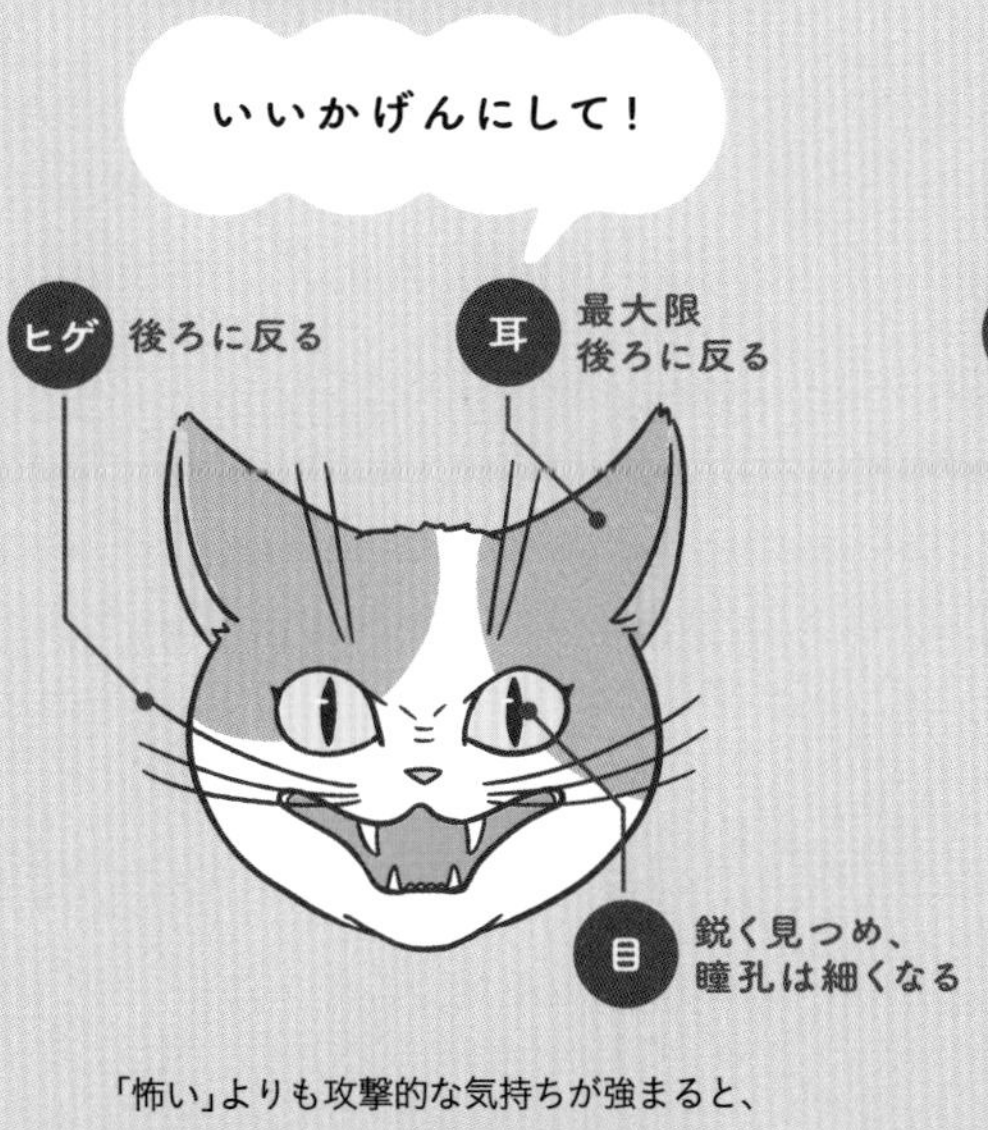
いいかげんにして！
ヒゲ
後ろに反る
耳
最大限
後ろに反る
目
鋭く見つめ、
瞳孔は細くなる

「怖い」よりも攻撃的な気持ちが強まると、にらみをきかせた表情で相手の出方をうかがいます。

恐怖でいっぱいのとき

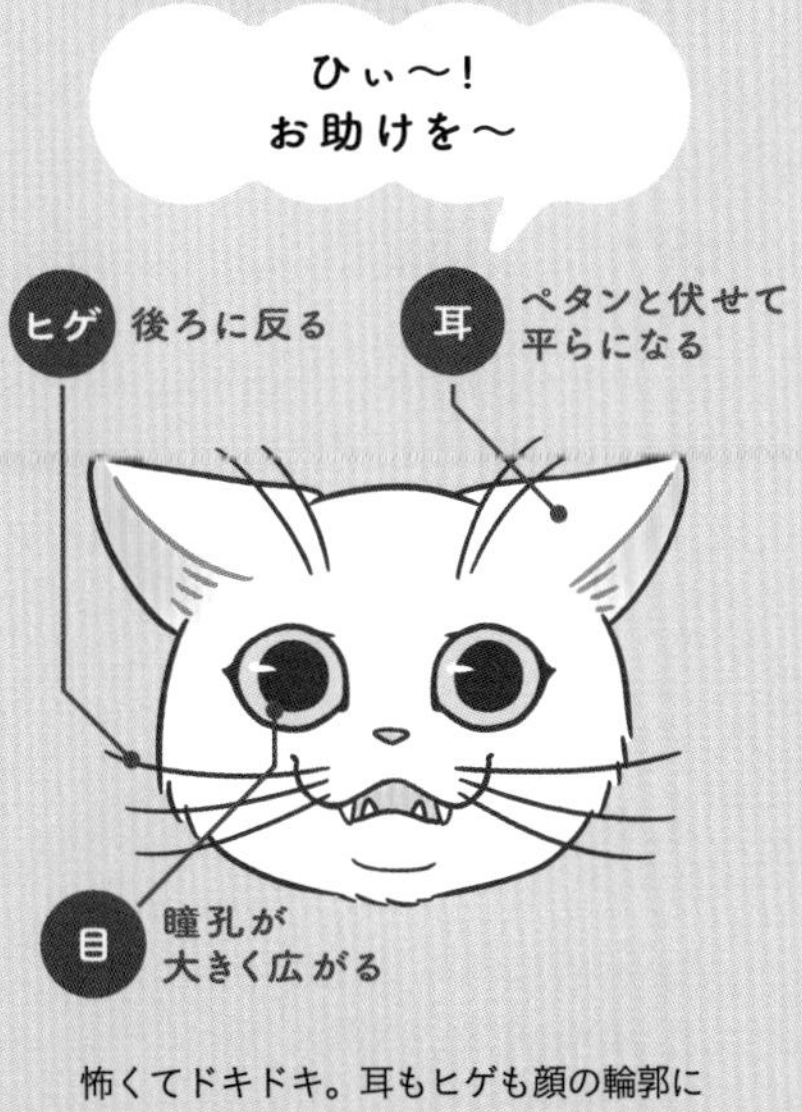
ひぃ〜！
お助けを〜
ヒゲ
後ろに反る
耳
ペタンと伏せて
平らになる
目
瞳孔が
大きく広がる

怖くてドキドキ。耳もヒゲも顔の輪郭に沿わせて自分を小さく見せ、身を守ろうとしています。

向きや動きをよく観察しよう

しっぽからわかる気持ち

しっぽは、喜怒哀楽のバロメーター。
感情の浮き沈みが反映されやすいパーツです。

上にピン！

➡甘え、期待、ハッピー

よく見られるシーン

- ごはんが出てくると
  ➡「わ〜い！ 待ってました〜」
- 飼い主さんに近寄って
  ➡「おかえり〜」「甘えさせて」
- 仲良しの猫に対して
  ➡「やっほ〜！ 元気？」

本来は母猫に自分の居場所を知らせるサインなので、赤ちゃん返りした気分でしょう。おとなの猫どうしでも、お互いにピンと立ててごあいさつします。

水平や、少し下がる

➡平常運転

よく見られるシーン

- 嫌いじゃない人や猫に対して
  ➡「あなたの敵じゃないよ」
- パトロールしながら
  ➡「今日も平和だな」

ほどよく力が抜けた、平常な状態です。猫どうしでは、相手に敵意がないことを知らせるサイン。

先をピクピク

➡葛藤、ちゅうちょ

よく見られるシーン

- おもちゃを狙いながら
  ➡「捕まえたいけど……緊張する」
- 外にいる鳥を見つめて
  ➡「狩りたいけど、届かないなぁ」

何かに集中して興奮や緊張が入り混じると、しっぽを下げた状態で先だけを小さく動かします。

ゆっくりユラユラ

➡いい気分♪

よく見られるシーン

- **窓辺でまどろみながら**
  ➡「まったり」
- **食後に**
  ➡「満足した〜」

気持ちが穏やかでリラックスしているときや、ごきげんでルンルンのときは、ゆっくりと大きく動かします。

力強くブンブン

➡イライラ

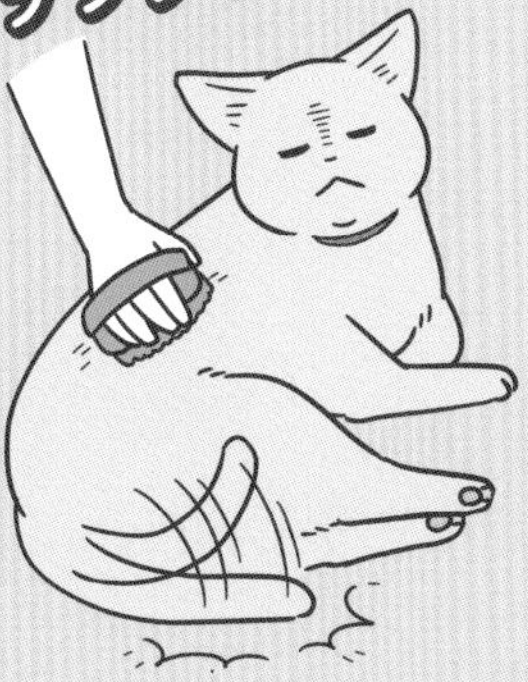

よく見られるシーン

- **お手入れの最中**
  ➡「もう無理！」
- **子猫にちょっかいを出されて**
  ➡「いいかげんにして！」

イライラがつのってストレスが溜まってくると、しっぽにも力が入ります。お手入れ中に見られたら、中断してそっと離れて。

股下へクルクル

➡ただただ怖い

よく見られるシーン

- **動物病院での診察など見知らぬ人に体を触られて**
  ➡「早く離して〜！」
- **強い猫が近づいてきて**
  ➡「来ないで……見逃して……」

後ろ足の間に隠すのは、怖くてたまらない証拠。自分の存在感を消したい一心で、防御の体勢をとっています。

大きくボワッ

➡恐怖寄り

よく見られるシーン

- **大きな音などに驚いて**
  ➡「やるのか〜！（ドキドキ）」
- **苦手な猫が近づいてきて**
  ➡「負けないぞ！（でも逃げたい！）」

緊張すると立毛筋《りつもうきん》が収縮して毛が逆立ち、タワシみたいなしっぽに。「やるぞ」と「怖い」が入り乱れています。

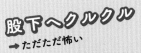

強気も安心も姿勢に表れる

ポーズからわかる気持ち

全身のポーズにも猫の気持ちや
関係性を理解する手がかりが散りばめられています。

弱気のポーズ

怖いよ〜！
どっか行って〜

体を縮こませて自分を小さく見せ、防御体勢をとっています。逃げるときは、ゆっくりと後ずさりしながら。

強気が混じったポーズ

こっちのほうが
強いんだぞ

体を山なりにして大きくすることで、怖いながらも必死で自分を強く見せようとアピール。強気一色になると、姿勢が前のめりになっていきます。

「強気」と「弱気」は表裏一体！

強気なポーズで相手を退かせるのも、逃げ腰のポーズをとるのも、「本気の取っ組み合いをしたくない」という意味ではいっしょ。本来、単独行動をする猫は、深い傷を負えば命に関わる場面もあるからこそ、無用な争いは避けたい“平和主義者”でもあります。この強気と弱気は複雑に入り混じるので、実際のポーズもその気持ちのバランスによって細かく変化します。

安心のポーズ

すごく安心

けっこう安心

そこそこ安心

ドキドキ…

仰向けでだらけている

足をすべて投げ出している

急所であるおなかをさらけ出したり、無防備な姿で脱力したりするのは、「襲われる心配ナシ！」と、安心し切っているからこそ。

香箱《こうばこ》座り

体を丸めている

どちらもすぐには走り出せないポーズ。「香箱座り」は、お香の容器に形が似ていることが呼び名の由来です。

スフィンクス座り

しっぽを体に巻いて座る

リラックスしているものの、前足を床に着けているので、何か異変があればすばやく逃げ出せます。

力んで縮こまる

緊張が高まると、身を小さくしてうずくまります。怖がっているときや警戒しているときのほか、ケガや病気で痛みがあるときにもするポーズです。

緊張のポーズ

「ニャー」だけではありません

鳴き声からわかる気持ち

声のコミュニケーションは場面が限られるので、
表情やポーズとあわせて観察すると、理解しやすくなります。

ニャ〜ニャ〜オ
○○してほしいな

子猫が母猫に甘えるような気持ち。してほしいことがあって訴えています。大きめの「ニャ〜オ」は「お願い、お願い！」と強めのアピール。

ウナァ〜オ〜ン
素敵なオスはいませんか〜

発情期のメスがオスを誘う、猛アピールの声。自分の居場所を知らせるために大きな声で何度も鳴きます。

ニャッ
やあ！

短めに鳴くのは、友好的なごあいさつ。飼い主さんに呼ばれたときのお返事で短く鳴くこともあります。

ケケケケ
あの獲物、
捕まえたい

外にいる鳥などに対する、「クラッキング」という鳴き方。狩りの本能が刺激されて興奮、葛藤していると考えられてきましたが獲物の声を真似して引き寄せているという新説もあります。

フーッシャー
近づかないで！

ケンカする相手や見慣れぬ人、怖いものへの威嚇は、「これ以上近づいたら攻撃するぞ」という警告の合図。

高齢猫の夜鳴きは病気の心配も

高齢になると、夜鳴きをしやすくなります。その理由は、関節炎で痛みがある、甲状腺の病気で興奮している、低体温で寒さを感じやすいなどさまざまです。このような病気を明らかにするため、動物病院で検査を受けましょう。年をとると不安でよく鳴くようになりますが、その不安感の原因が認知症ということもあります。

べったり？それともひかえめ？

猫からの愛情サイン

甘えたい気持ちを素直にぶつけたい猫もいれば、謙虚に表現する猫もいます。
気づいてあげたい、猫からの愛の証。

～飼い主さんへの依存の強さを診断！～

べったり	♥♥♥	飼い主さん命！
	♥♥	気にしてくれたら嬉しいな
ひかえめ	♥	あなたがいるだけで幸せよ

シーン 飼い主さんが忙しくしていると…

♥♥♥

- 視野に入ろうとしてくる
- 何度も鳴く
- ちょいちょいと触ってくる
- 歩くと、後ろをついてくる

無理やりにでも飼い主さんの関心を自分に向けたくて、積極的にアピールしています。

♥♥

- 床でくねくねする
- そばでじっと見つめている

さりげないアピール。「かまってもらえたら嬉しいなぁ」という期待感が込められています。

♥

- 離れたところで見つめている

愛情が薄いわけではなく、飼い主さんの姿さえ確認できれば安心できるタイプ。

シーン 飼い主さんがくつろいでいると…

- くっついたり、上に乗ったりする
- 人の顔や手をなめる
- 人の顔やおなかのそばで寝る
- 体の上やそばでふみふみする

「できるだけそばで甘えていたい」という気持ちの表れ。人との距離感が近いタイプです。

- 人の足元やおしり側で寝る
- 人を踏んづけて行く

そばにいられると嬉しいけれど、ベタベタした関係は望まない、ちょっと謙虚なアピール。

シーン 飼い主さんが帰ってくると…

- お出迎えしてくれる
- 人に対してすりすりする

「かまって〜」「おなかすいたよ！」と、一刻も早くお願いを叶えてほしい気持ちです。

- 壁やものにすりすりする

高揚した気持ちをひかえめに表現。飼い主さんから知らない香りがするので、安心したくて周囲を自分のにおいで満たそうとする目的もあります。

- 姿を見たら、立ち去る

帰宅したのを確認。そっけないようで、「これであとは家にいるんだ」と安心しています。

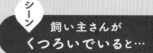

脈絡がないようでワケがある!?

びっくり、不思議な行動

「なんで、そんなことするの!?」

飼い主さんが戸惑いやすい行動にも、猫なりの事情があるのです。

●失敗したあとに毛づくろい

そのワケは… ➡ **気分を変えたい**

「転位行動《てんいこうどう》」という、動揺をごまかす行動。おもちゃに飛びつくのに失敗したり、高所から落ちたりしたときなどに、無関係の行動をして気を落ち着かせます。毛づくろい以外に、鼻をなめたり、爪とぎをしたりすることも。

●外の野良猫と鳴き合ったあと、同居猫にパンチ

そのワケは… ➡ **八つ当たり**

「転嫁行動《てんかこうどう》」という、いわゆる八つ当たりです。自分のなわばりだと思っている場所へほかの猫が侵入したときなどに、イライラした気持ちを無関係の第三者へぶつけます。攻撃が人に向いてしまうこともあります。

●なでてあげていたのに突然噛む!

そのワケは… ➡ **怖くなってきた**

うっとりしていたはずなのに、急に機嫌が悪くなったように噛んだり、蹴ったり。これは「愛撫誘《あいぶゆう》発性攻撃行動《はつせいこうげきこうどう》」といい、体を拘束されるうちにだんだん怖い気持ちがつのり、やめてほしくて思わず攻撃してしまうのです。

●ウンチをするとテンションが上がる

そのワケは… ➡ **ホッとしたのかも**

排泄後に鳴いて駆け回る理由は、安心したためという説があります。排泄中は無防備な姿となるので、襲われずにすんで緊張が解けるのかも。ただし慌てて立ち去るのは、トイレが気に入らないサインともいう説もあります。

Part 4

元気で長生きしてもらおう

マンガ

動物病院とタッグを組もう

猫の健康を守るには、頼れるかかりつけ病院が必要です。

でもさー
悪いところがなかったら病院に行けなくない？
診察じゃなくてもいいんだよ
爪切りをしてもらう
お世話の相談
など
あとは健康診断もおすすめ！
健康なときのデータをとっておくと、病気になったときのデータと比較できて診断の助けになるからね
健康
不調
動物病院は具合の悪いときに行くだけじゃなくて、飼い主とタッグを組んで猫の健康を守るところ
2人3脚！
って考えてみて！
実際、予防医療に力を入れている病院は多いんだ
へー！
病院によっていろいろちがうから、
予約の有無
診察時間
休診日
先生のキャラクター
などなど
自分と猫に合った病院を探すといいよ
診察料もそれぞれなんだよね？
動物病院はすべて自由診療だから…
うん。ペット保険が使えるかも病院によってちがうよ
総合的に判断してね
そこも大事だね！
よし！
つぎの休みに健康診断の予約入れるよ！
つづく

早期発見

ふだんの健康チェック

体調の変化にいち早く気づくことができれば、その分いち早く治療にかかれます。

マークの見方 △…様子見 ×…動物病院へ

皮膚

△毛ヅヤが悪い
×フケが出ている
×脱毛、ただれ、しこり、腫れ、傷、ブツブツがある
×しきりにかゆがる
×触ったときに痛がる場所がある

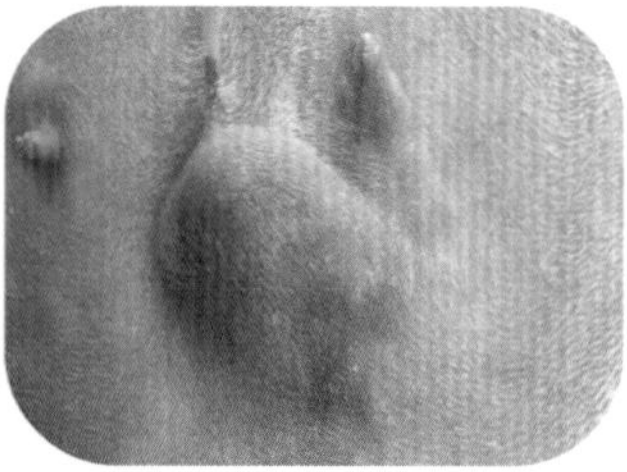

猫の乳腺腫瘍。2cm以下で見つけて手術できれば、3cm以上のときより生存期間を大幅に長くできます。

おしり

×おしりを床にこすりつける
×悪臭がする
×膿や液体が出ている

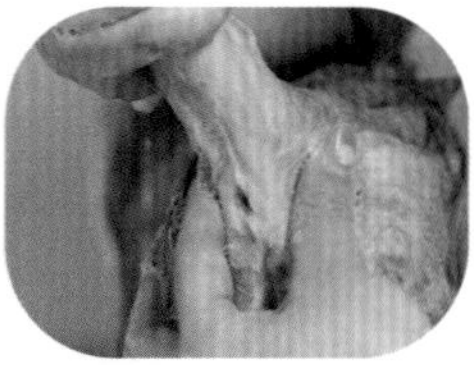

肛門腺絞りのケアが必要な場合もあります。

→P.105 肛門腺絞り

足

×足を引きずる
×床に着けない足がある
×かかとを下げて歩く

判断に迷ったら動物
病院で診てもらってね

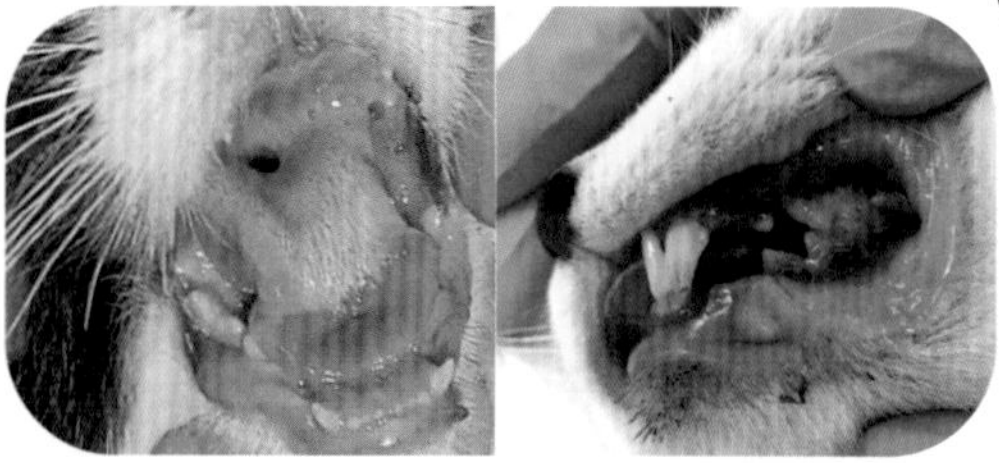

（左）舌炎。（右）歯周病で歯茎が赤く腫れた猫。

瞬膜とは眼球とまぶたの間にある薄膜。

目

- △こげ茶〜黒色の目ヤニ
- △少量の目ヤニや涙
- ×黄色い目ヤニ
- ×白っぽくて粘り気のある目ヤニ
- ×涙があふれている
- ×瞬膜が広めに出ている
- ×白くにごっている
- ×瞬きが多い
- ×まぶたの粘膜が腫れている

鼻

- △乾燥した鼻くそ
- △一時的なくしゃみ（猫のくしゃみは口を開けずに鼻でします）
- ×粘り気のある鼻水
- ×鼻ちょうちん
- ×鼻血
- ×鼻のまわりがただれている
- ×くしゃみをくり返す
- ×呼吸のとき異音がする
- ×起きているときに鼻が乾いている

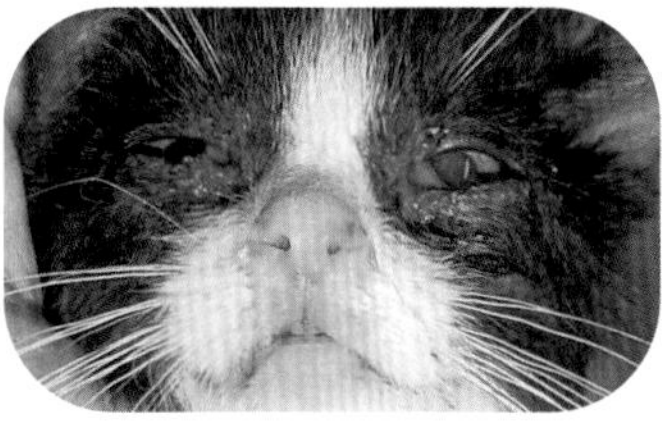

目ヤニと鼻水が大量に出ている子猫。

耳

- △少量の耳垢
- ×大量の耳垢
- ×耳から液体が出る
- ×悪臭がする
- ×頻繁に耳をかく

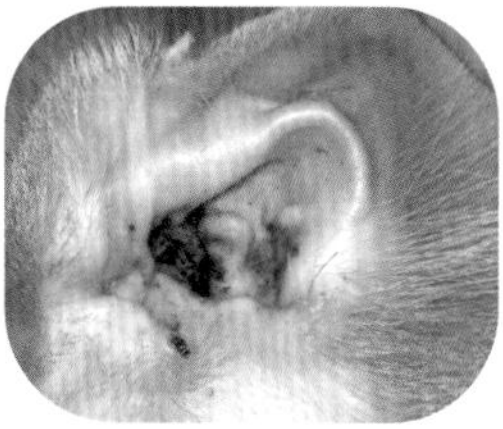

耳ダニに感染すると黒っぽい耳垢がたくさん出ます。

口

- △一時的なせき
- ×せきをくり返す
- ×口臭がする
- ×よだれが多い
- ×歯茎や口内の粘膜が腫れている
- ×歯茎が白っぽい
- ×口を開けて呼吸をする

呼吸

猫の呼吸は通常1分間に24〜42回。口を開けてハアハアと呼吸する、呼吸のとき異音がするなどは異変のサイン。

体重

定期的に体重測定しましょう。猫を抱いて体重計に乗り、人の体重を引いて計算。記録用のアプリもあります。1か月で5%以上体重の増減があるのは病気が疑われます（成長期の子猫を除く）。

体温

猫の平熱は37.5℃から38℃台。動物病院では肛門に体温計を入れて測りますが、家庭では耳の穴で測定する体温計が便利。耳を触ると熱い、いつもより鼻の色の赤みが強い、冷たい床に寝転がっているなども発熱のサインの場合があります。

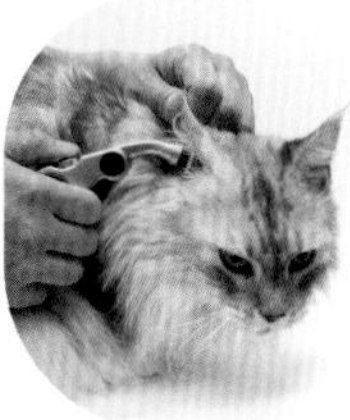

食欲

食欲がないのは体調不良のわかりやすいサインですが、食欲が増すのも病気の可能性あり。たくさん食べるのに痩せていくのは内分泌疾患などの恐れがあります。

いつもとちがう行動に注意してね。
具合が悪いとき、暗くて静かな
場所で過ごそうとすることもあるよ

飲水量

なるべく多く水を飲ませるのは病気予防になりますが、何も工夫をしていないのに飲水量が増えたときは病気かもしれません。体重1kgあたり50mℓ以上の水を1日で飲んでいるときは受診しましょう。

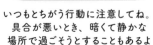

オシッコ

排尿の回数、量、色などをチェック。いつもと大きくちがうのは異変のサインです。白っぽい砂だと色がわかりやすいです。

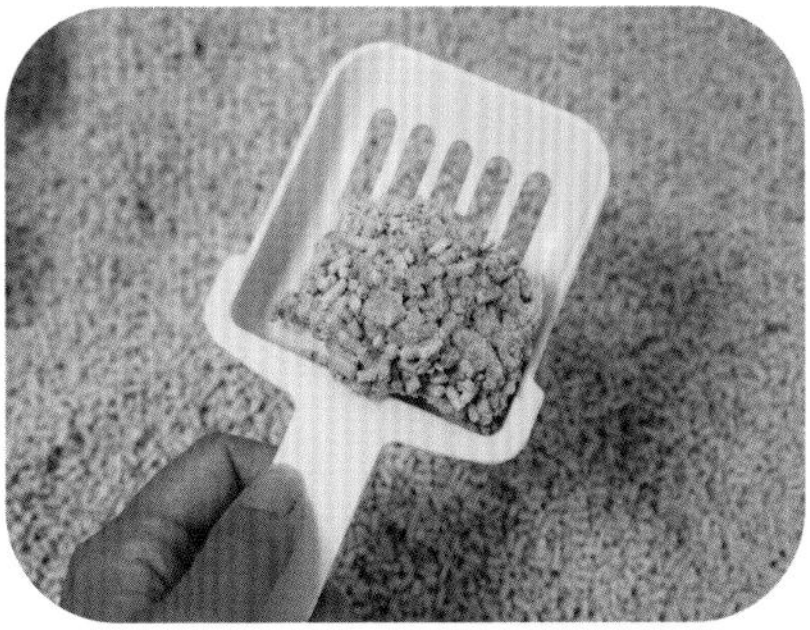

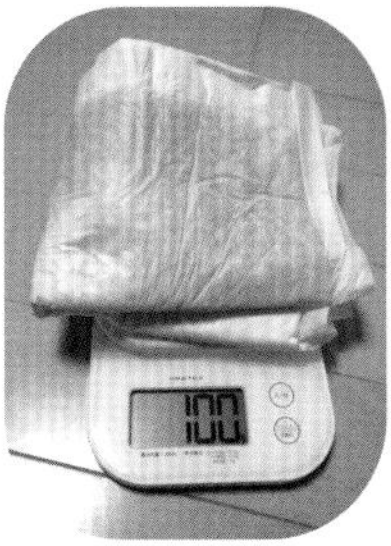

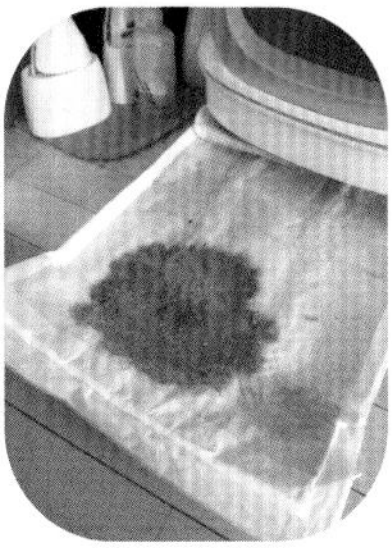

(上) 固まる砂は、砂の固まりの大きさでおおよその量がわかります。(左下) システムトイレはオシッコを吸収したペットシーツの重さを量り、シーツ自体の重さを引けばオシッコ量がわかります。(右下) システムトイレのペットシーツについた血尿。

ウンチ

排便の回数、量、硬さなどをチェック。いつもと大きくちがっていたら異変のサインです。猫のウンチは普通、人より硬め。写真のような状態は下痢便です。

嘔吐

健康な猫でも飲み込んだ毛を吐くことはありますが、病気の症状で吐くことも当然あります。食べ物を戻す、何度もくり返し吐く、吐いたあとぐったりして元気がないのは病気のサイン。

! 一刻も早く治療が必要!

24時間 オシッコしない

尿道に尿石が詰まるなどで排尿したくてもできない状態。48時間で生存率は7割、72時間で2割とどんどん落ちていきます。

3日間 何も食べない

体内の脂肪が肝臓に急激に蓄積する「脂肪肝」という病気になります。強制給餌などの治療が必要です。

→P.202 脂肪肝

3日間 ウンチしない

1日1～2回排便があるのが正常。3日間排便がないのは便秘です。病気でなくても苦しいので病院で治療してもらいましょう。

病院探し

頼れる動物病院を探そう

愛猫の「いざ！」に備えて、頼れる動物病院をあらかじめ見つけておきましょう。

よい動物病院のPOINT

1 素朴な疑問にも丁寧に答えてくれる

専門用語を多用せずに、素人にもわかりやすく説明できるのが本当のプロ。とっつきにくく質問しづらい病院ではなく、猫のことなら何でも気安く相談できるところを選びましょう。

2 検査や治療にかかる費用を事前に提示してくれる

動物病院は自由診療。そのため高額な費用がかかる場合があります。経済面を無視して通い続けることはできません。同じ症状でも複数の選択肢と費用を提示してくれる病院は安心。

3 猫の扱いが優しく、猫の知識が豊富

犬が得意な病院、エキゾチックアニマルが得意な病院など、病院にも得意分野があります。猫を得意とする病院を見つけましょう。

国際猫医学会が認定する「キャット・フレンドリー・クリニック」のマーク。質の高い猫医療を提供します。

病院あるある

4 院内が清潔

清潔であることは医療の基本。掃除が行き届いていなかったりにおいがきついところは、院内感染の心配があります。

5 セカンドオピニオンに対応してくれる

動物病院にも得意分野と不得意分野がありますし、設備がなく検査ができないこともあります。自院では対応が難しい場合にほかの病院を紹介してくれるところは安心。また、セカンドオピニオンとして意見を求めたときに快く対応してくれるところも信頼できます。

6 最後は相性

1〜5を満たしていれば十分おすすめですが、獣医師と飼い主さんの相性、また獣医師と愛猫の相性がよければ最高。安心して猫を任せられます。

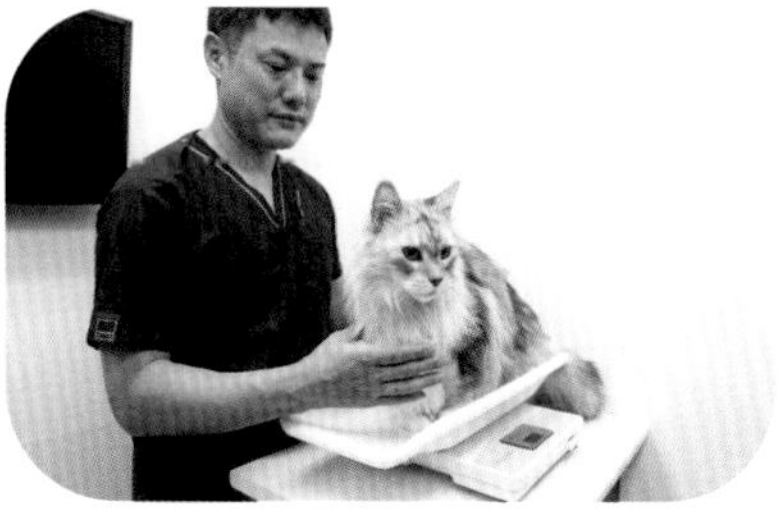

病気になってから
慌てて病院を探すのじゃなく、
健康なときに健康診断などで
病院に行ってみて
よさそうなところを探してね！

動物病院の連れて行き方

ほとんどの猫は動物病院が苦手。スムーズに受診するためのコツを教えます。

通院に適したキャリー

こういう硬い素材のキャリーをひとつは持っておこう！

横にも上にも扉がある

横にだけ扉のあるタイプが多いですが、上にも扉があると猫を出し入れしやすいです。まわりが見えないよう布などで覆うとなおよし。猫が落ち着きます。

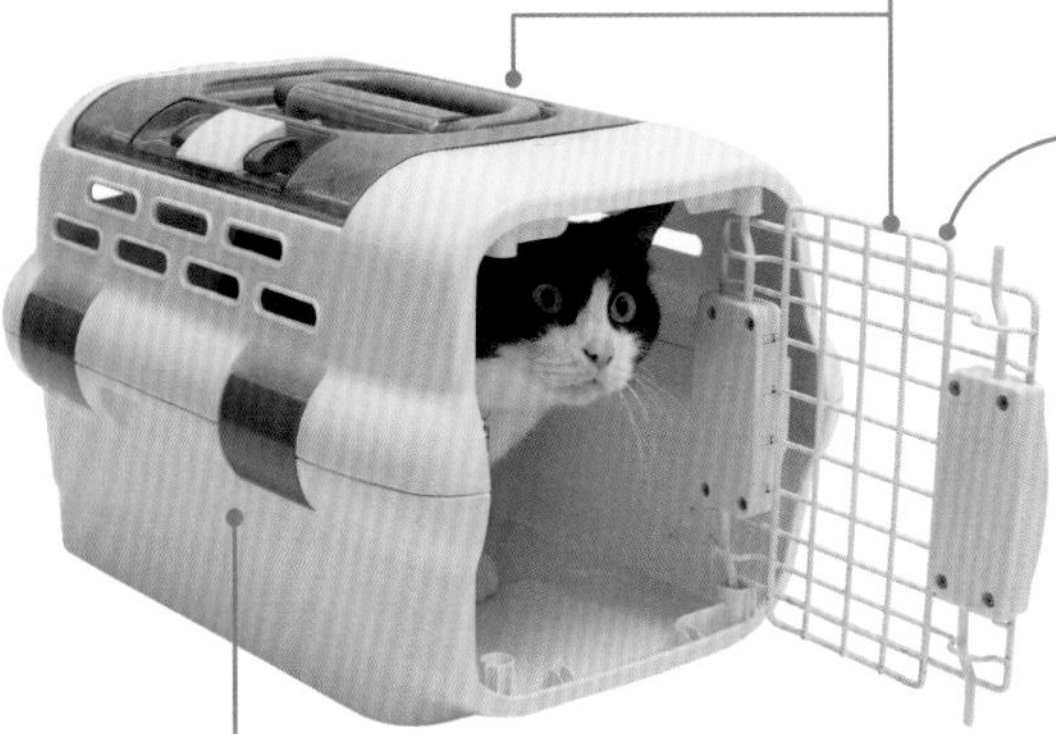

硬い素材

プラスチック製などの硬い素材がおすすめ。布製のキャリーだと爪を立ててしがみつきスムーズに出すことができませんし、オシッコの粗相も掃除しにくいです。

上下でセパレートできる

セパレートタイプなら、上半分を外せば猫がキャリーに入ったまま診察することもできます。臆病な猫にとくにおすすめ。

キャリーはふだんから部屋に出しておく

通院のときだけキャリーを使っていると、キャリーを見せただけで逃げることも。ふだんから部屋に出しておき存在に慣れさせましょう。毛布を入れてベッドとして使わせると◎。

キャリーの中でおやつをあげたり、キャリーの中におもちゃを入れたりして慣らすのもよい方法だよ

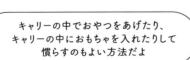

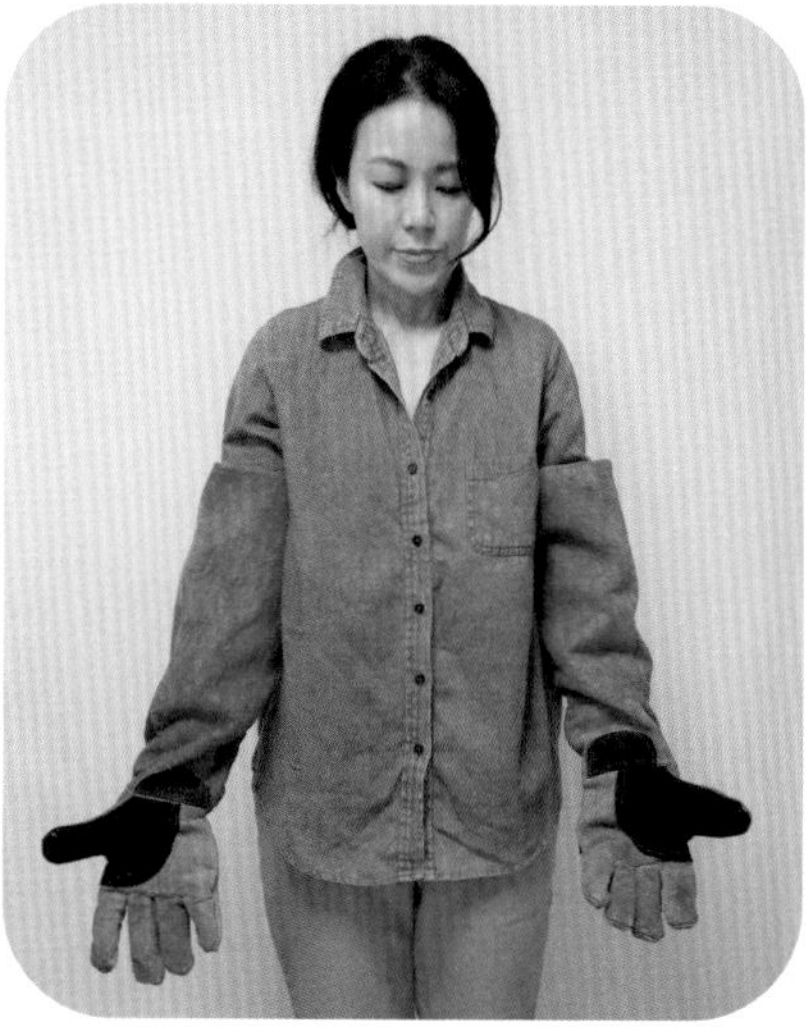

暴れる猫を捕まえるときは革製ロンググローブを使用

猫を捕まえるとき噛まれたり引っかかれたりするなら、動物病院などで使用する革製ロンググローブを使いましょう。歯や爪が貫通しにくくケガせずに捕まえられます。バスタオルで全身を覆って捕まえる方法もあります。

洗濯ネット

可能なら洗濯ネットに入れたうえでキャリーへ。ネットに入っていればキャリーから出しやすく、猫が暴れても逃げられません。

長時間追いかけまわすより
手早く捕まえたほうが
猫のストレスも少ないよ

どうしても捕まえられない猫は
往診してくれる動物病院に頼もう

異常なしぐさは動画を撮る

気になる動きやしぐさがあっても、猫が病院でそれを見せるとは限りません。動画を撮っておき、獣医師に見てもらいましょう。

病院帰りの猫をほかの猫が威嚇するときは？

病院のにおいがつくと同居猫が別の猫と勘違いし威嚇することがあります。すぐ「なじみの同居猫だ」と気がつけばよいのですが、勘違いしたままケンカに発展すると大変。威嚇が見られたら下記のような手順を踏みましょう。

❶通院した猫は24時間、別の部屋またはケージでお世話。自宅のにおいを再度つける。❷その後、通院した猫をキャリーに入れ同居猫と対面。❸威嚇がやまない場合は、タオルでいっぽうの顔をぬぐい、それでもういっぽうの顔をぬぐう（においを混ぜる）。❹❶〜❸を試しても威嚇が治まらない場合、猫たちをいっしょに病院に連れて行く（同じにおいにする）。困ったら獣医師にも相談を。

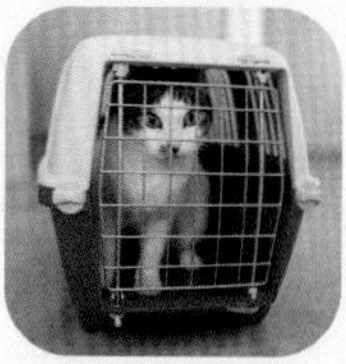

➔P.063　猫どうしの対面のさせ方

健診

定期健診を受けよう

見た目ではわからない体調の変化を発見するため、定期健診は欠かせません。

6才までは年に一度、7才以上は半年に一度

健康な人でも年に一度は健康診断を受けるもの。猫の場合も、健康でも年に一度は健診を受けましょう。猫の1年は人の4年に相当しますから、これでも少ないくらいです。健康時のデータがあると不調時に比較でき、治療方針を立てやすくなるというメリットもあります。

人間同様、猫も中高年になったらより綿密に検査をしたいもの。7才以上は半年に一度受け、腎臓病や糖尿病など高齢になると増える病気の検査を追加するとよいでしょう。

触診・聴診・問診

健診の基本。問診にきちんと答えられるよう、愛猫の食欲や排泄の状態などをふだんからメモしておきましょう。誕生日などの基本情報も忘れずに。愛猫の基本情報はスマホに保存しておくと便利です。

→P.206　愛猫の健康手帳

血液検査

1～5mℓほどを採血して検査します。正常値の範囲内か範囲外かで、ある程度病気の推測ができます。

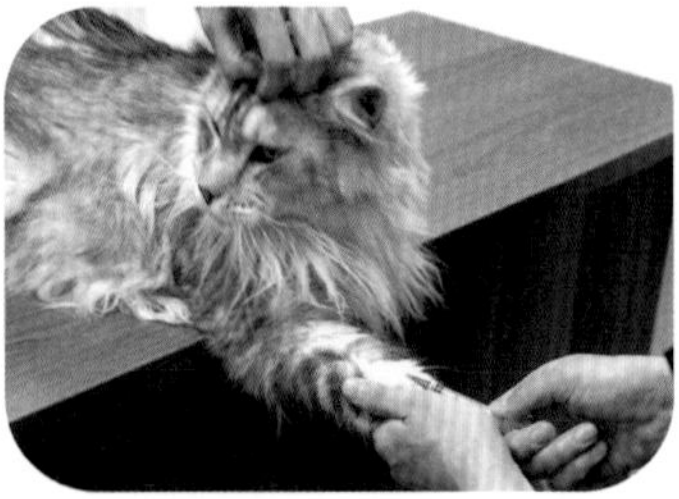

検査結果報告書

検査結果表はその猫の大事なデータ。
きちんと保管しておこう！
ほかの病院に移るときなどにも役立つよ

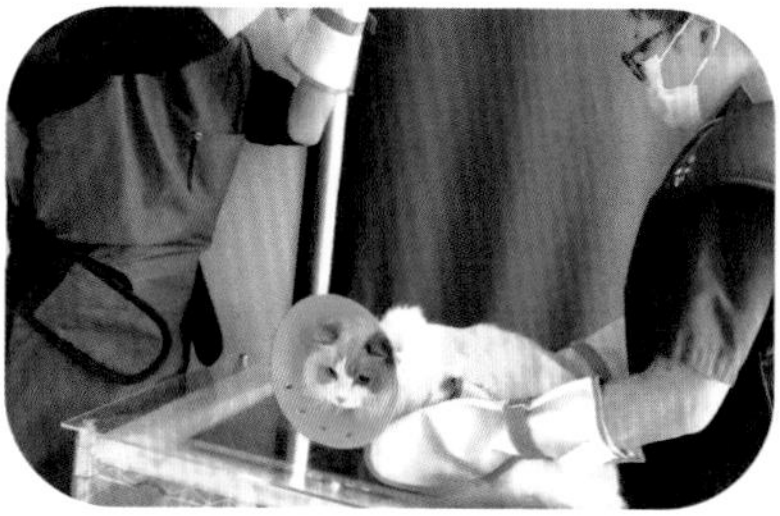

レントゲン検査

X線を照射し、各組織を通過したX線量のちがいを画像として見ます。臓器の大きさや肺・腹部の状態、骨折や結石の有無などがわかります。

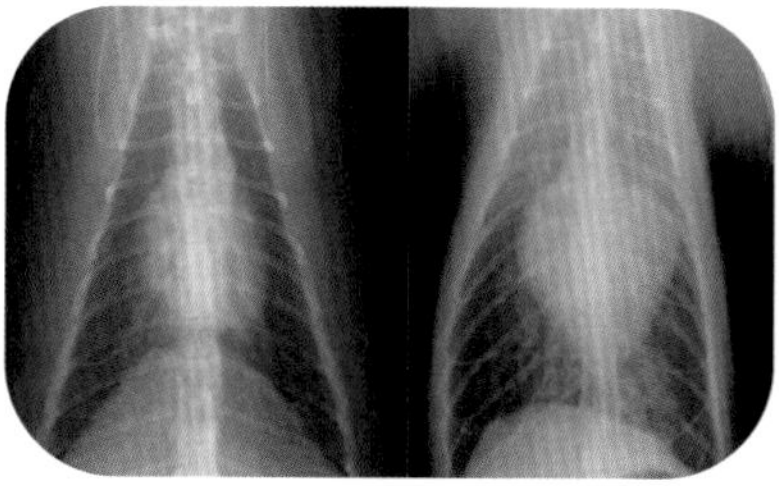

正常な心臓（左）と、肥大型心筋症（右）のレントゲン写真。

便検査は自宅採取したものを持って行けばOK

排便後、半日以内の便を密閉できるビニール袋などに入れて病院に持参。なるべくトイレ砂のついていない部分を、親指の第一関節分以上用意しましょう。

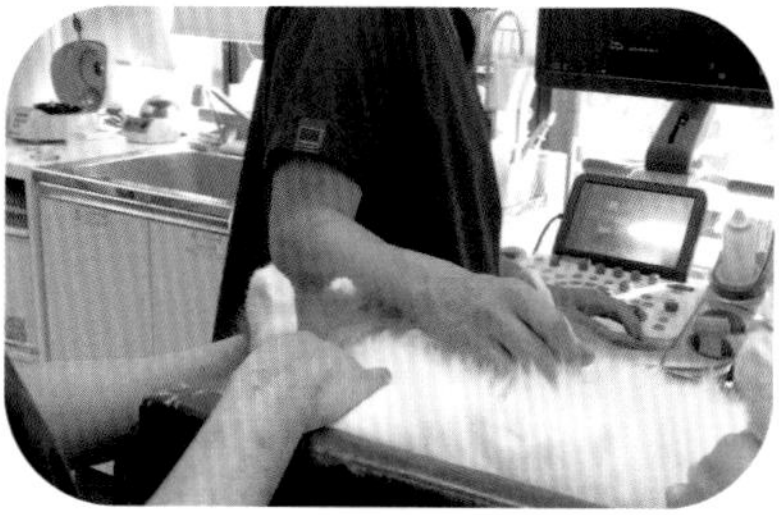

超音波検査

超音波を送り、臓器や組織から跳ね返ってくる波を映像化。臓器や血流の状態をリアルタイムで観察できるのがメリット。

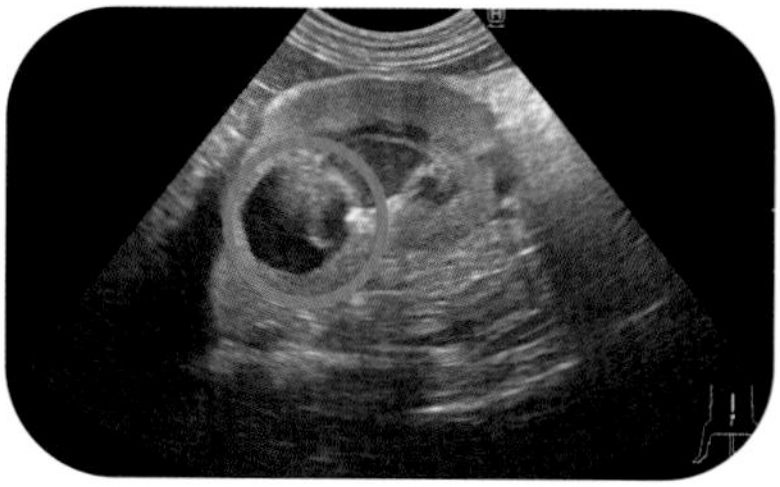

超音波検査で映った腎臓の腫瘤。

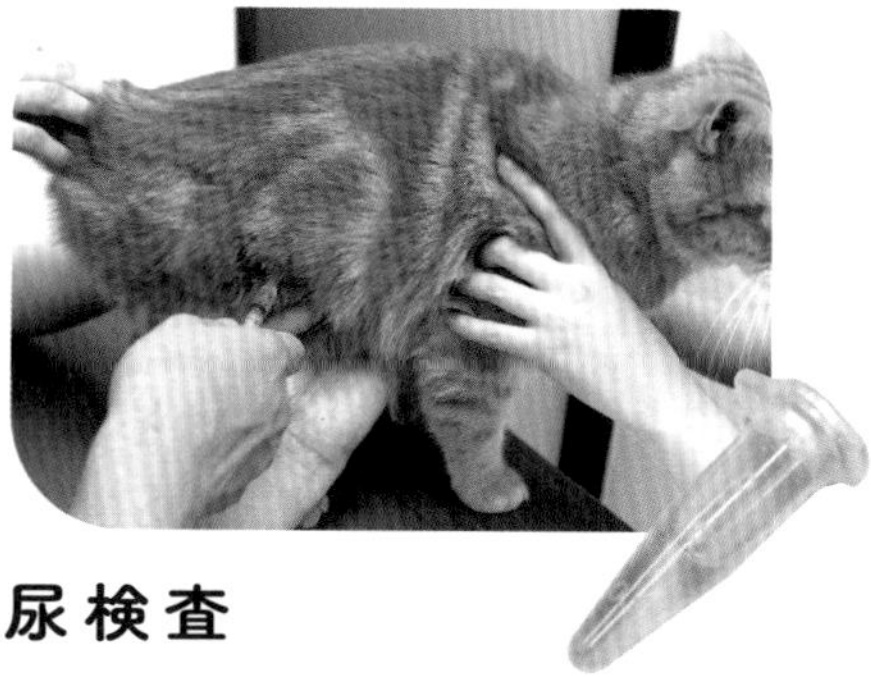

尿検査

尿の濃度から腎臓病の進行具合を推測したり、結石や細菌の有無を調べられます。自宅で採取した尿でも検査できますが、病院で膀胱に針を刺し採取する尿が最も正確に検査できます。

ワクチン

ワクチンについて知ろう

ワクチンは感染症を防ぐ有効な予防手段。上手に利用しましょう。

室内飼いでも感染するリスクはある

感染症のなかには特効薬がなく、しかも致死性の高いものがあります。有効な予防手段はワクチンのみ。たとえば猫汎白血球減少症はワクチン未接種の子猫の死亡率は90%、特効薬もないという恐ろしい感染症のひとつです。しかもこのウイルスは非常に感染力が強く屋外でも数か月間感染力をもち続け、飼い主が知らずに靴や服に付着させて自宅に運び飼い猫に感染させてしまうこともあります。室内飼いでもワクチンが必要といわれるのはそのため。予防効果は100%ではありませんが、感染しても軽症で済むといわれます。

すべての猫に接種が推奨されるのは、感染力の強い病気を予防する3種混合ワクチン。屋外に出しているなどほかの猫と接触する機会のある猫の場合、その他のワクチンも検討します。

副反応を極力減らすための注意事項

ワクチンとは毒性を弱めた（あるいはなくした）病原体を体内に入れ免疫を作るシステム。弱めているとはいえ異物を入れるので、発熱などの副反応が起きることもあります。で

混合ワクチンが予防する感染症

病名	3種	4種	5種
猫カリシウイルス感染症	●	●	● *
猫ウイルス性鼻気管炎	●	●	●
猫汎白血球減少症	●	●	●
猫白血病ウイルス感染症		●	●
クラミジア感染症			●

＊3種のカリシウイルスを防ぐワクチンもあります（7種混合ワクチン）。

→P.198　感染症

すから体調が万全なときに接種するのが基本です。まれですが、接種直後にアナフィラキシーショック（重篤なアレルギー反応）が起きることもあるため、接種後15分ほどは待合室などで待機すると安心。症状が出たときもすぐに対処できます。

また、ごくまれですがワクチンを打った部位に肉腫（がん）ができることがあります。ワクチンに限らず注射を打った部位にできるため「注射部位肉腫」と呼ばれます。万が一肉腫ができた場合に切除手術ができるよう、ワクチンは足または胸腹部外側の皮膚に打つことが推奨されています。以前は肩甲骨の間に打つのが常識でしたが、ここに肉腫ができると切除が難しいため、足か胸腹部に打つようお願いしましょう。

↓P・203 注射部位肉腫

ワクチンを打つ場所

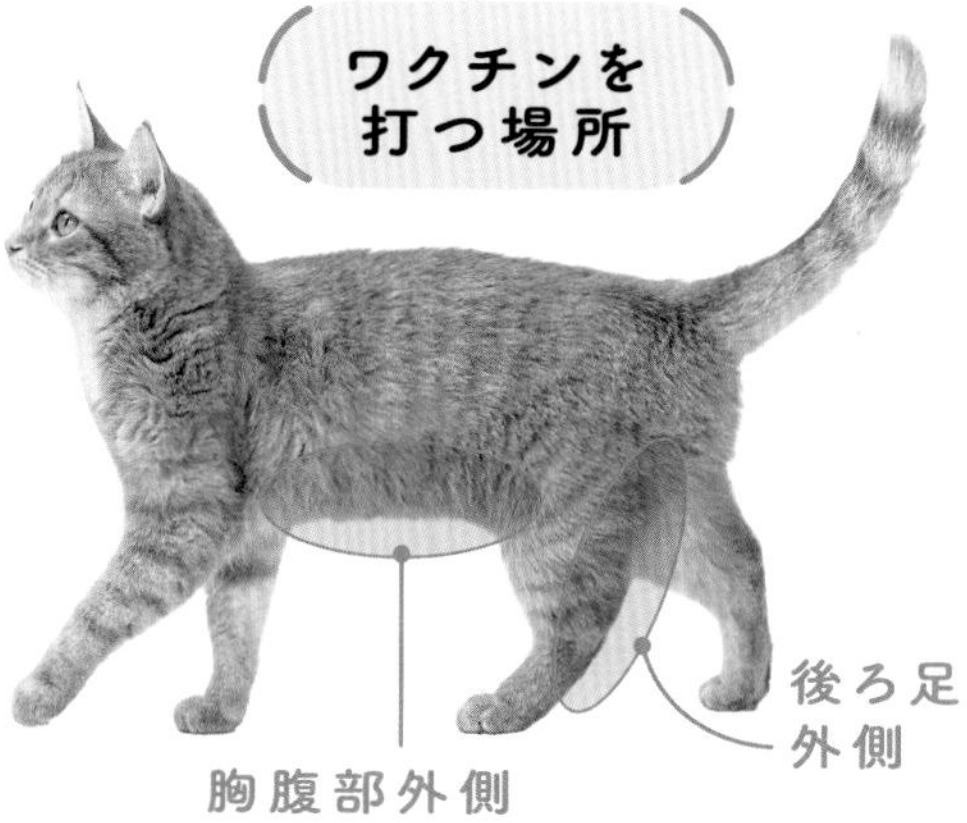
後ろ足外側
胸腹部外側

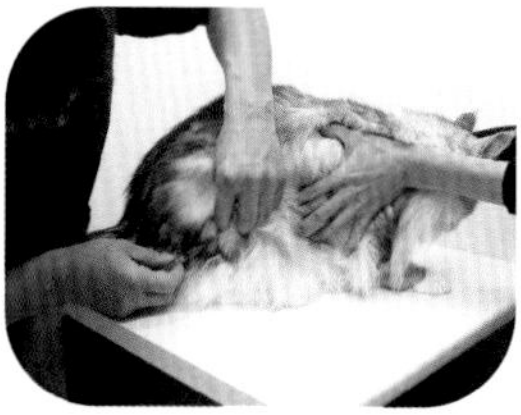

後ろ足に接種する猫。敏感な部分ですが、最も切除しやすいしっぽに接種するとよいという意見もあります。

ワクチンプログラムの例

母親の初乳には「移行抗体」が含まれており、初乳を飲めた子猫は移行抗体によってしばらく感染から守られています。この移行抗体との兼ね合いで、子猫ははじめ3～4週おきに複数回ワクチンを打つことが推奨されています。その後は1年以内に追加接種、さらにその後は3種混合ワクチンであれば3年に一度の接種が目安とされています。

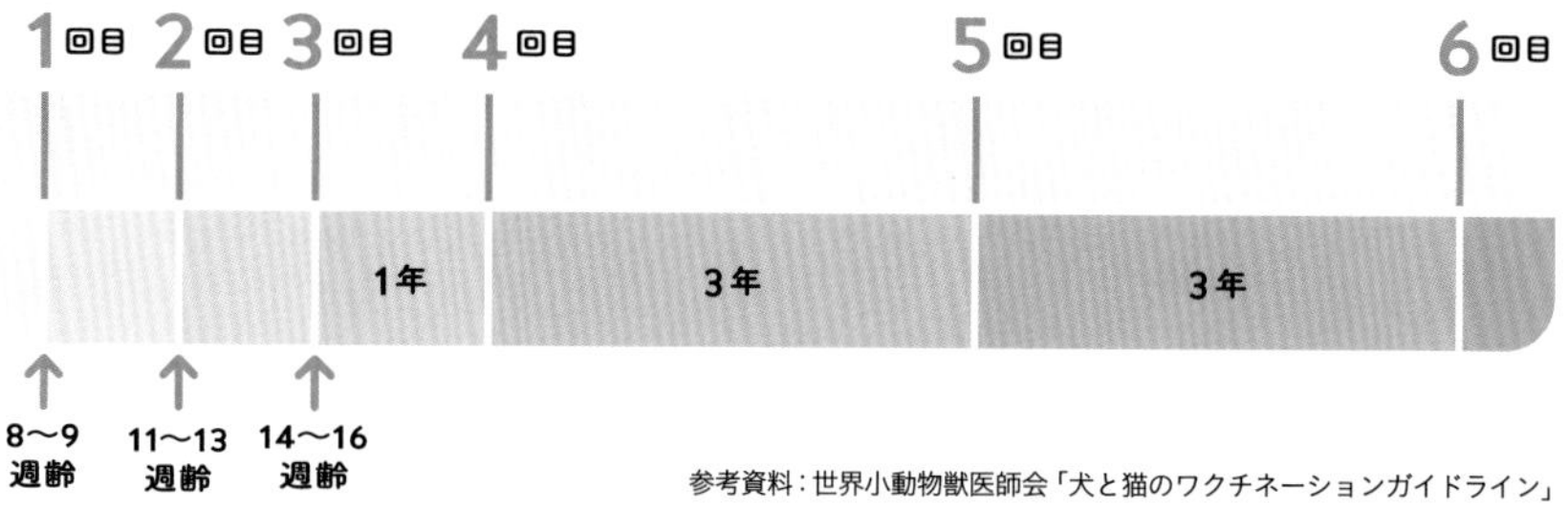
1回目
2回目
3回目
4回目
5回目
6回目
1年
3年
3年
8～9週齢
11～13週齢
14～16週齢

参考資料：世界小動物獣医師会「犬と猫のワクチネーションガイドライン」

マンガ

去勢・避妊手術は怖い？

手術のメリット&デメリットを把握して、手術を受けるかどうか決めましょう。

避妊手術は性特有の病気… メスだと 乳腺腫瘍（乳がん）や 子宮蓄膿症、卵巣がんなどだね これらを防げるのが 最大のメリット
乳腺腫瘍リスク
7倍
避妊手術済
避妊手術未
未手術の猫は 手術済の猫と比べて 乳がんのリスクが7倍 というデータもあるんだ
7倍！ 手術のリスクより そっちのリスクのほうが 大きいかもだね
実際、去勢・避妊手術した猫は 未手術の猫より長生きできる ってこともわかってるよ！
発情期の脱走による 事故も防げる！
長生きして もらうには、手術したほうが いいんだね
うん
メスは発情の回数を 重ねるほど乳腺腫瘍の リスクが上がるから
避妊手術するなら 初めての発情を迎える前に 手術するのがベストだよ
避妊手術… ちくわのためにも 受けさせるよ!!
長生きしようね ちくわ
ゴロ… ゴロ…
つづく

去勢

去勢・避妊手術を受けよう

手術をすれば性特有の病気のリスクが減り、寿命が延びることがわかっています。

去勢・避妊手術のメリットとは

去勢・避妊手術は猫にも、猫とくらす人にもメリットをもたらします。猫側のメリットとはなんといっても、性特有の病気のリスクを減らし長生きができること。46万匹を調べた調査では、手術済みのオスは平均寿命が4・3才、メスは3・6才、未手術の猫より長いという統計があります。

人側のメリットは猫とくらしやすくなること。未手術の猫は発情期に大声で鳴いたり、家のあちこちにマーキングのオシッコをするなど、いっしょにくらすにはちょっと困った行動をしてしまいます。手術をすればこれがなくなる、もしくは減ります。多頭飼いは猫どうしのケンカが減るというメリットもあります。

繁殖させるなら子猫にも責任をもって

飼い主として「かわいい愛猫の子どもを見てみたい」という気持ちになるのも自然なことだと思います。ただ、繁殖させる場合は生まれた子猫も飼えるか、あるいは里親が探せるかをきちんと考えてからにしましょう。猫は交尾すればほぼ100%妊娠しますし、一度の出産数は平均5匹です。一年に数回出産できる

去勢・避妊手術で防げる病気

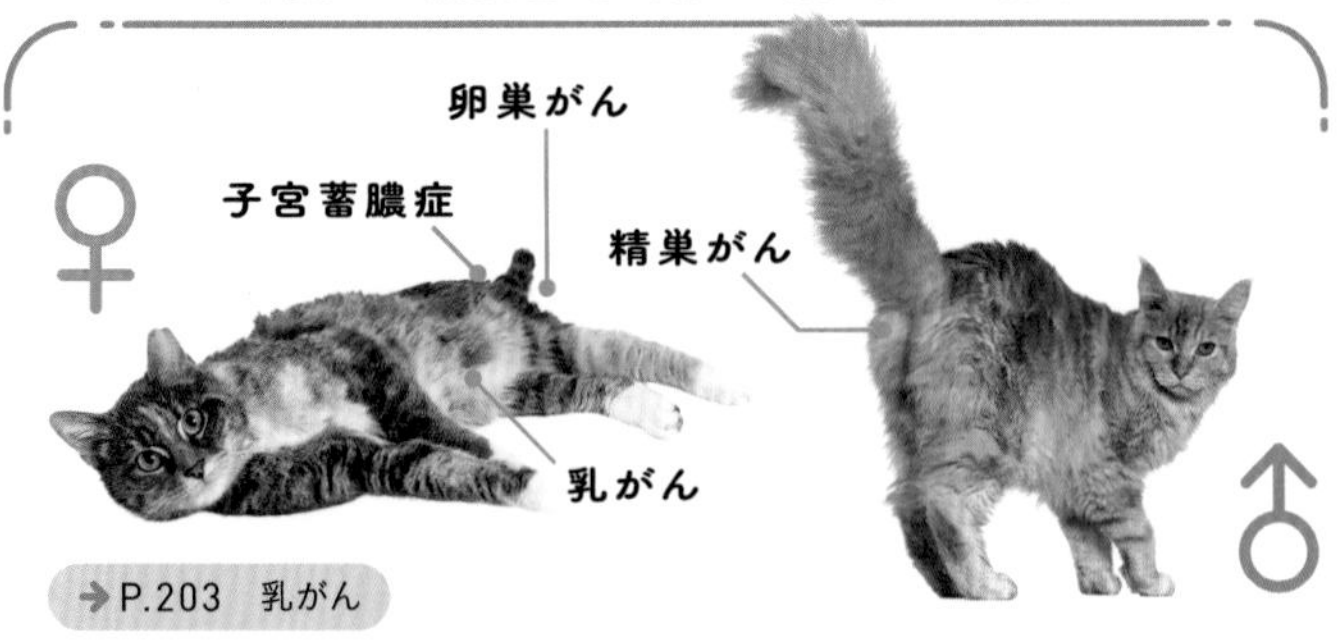
♀
卵巣がん
子宮蓄膿症
乳がん
精巣がん
♂

→P.203 乳がん

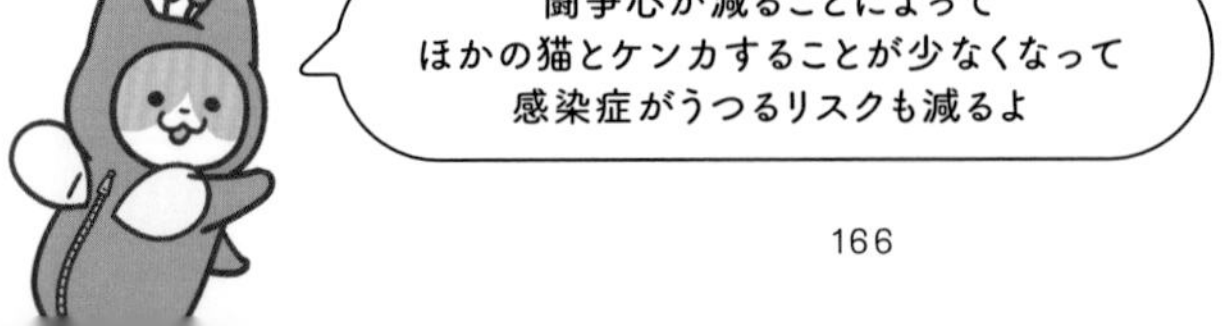
闘争心が減ることによって
ほかの猫とケンカすることが少なくなって
感染症がうつるリスクも減るよ

去勢・避妊手術のメリットとデメリット

メリット

- 性特有の病気のリスクが減る
- 発情期の困った行動（スプレーなど）が減る
- 闘争心が減りケンカすることが少なくなる
- 外に出たいという欲求が減って迷子になるリスクが減る
- **寿命が延びる**

デメリット

- 太りやすくなる
- 麻酔のリスクがある

太りやすくなる
デメリットは
食事で回避できる！

ため自然に任せているとどんどん増えていきます。そうすると、行き着く先は多頭飼育崩壊です。

手術で猫の繁殖の可能性を奪ってしまうことに罪悪感をもつ人がいるかもしれません。ですが、猫は人間とちがって「いつか赤ちゃんを産みたい」などとは考えません。発情期が来たら本能が命じるまま相手を探して交尾するだけ。それが個々の思考を超えた動物の本能というものです。ですから手術をしても当の猫が「赤ちゃんが産めなくなって悲しい」と思うことはありません。

判断は飼い主さんに任されていますが、日本では約8割の飼い主さんが手術を選択しています。かかりつけの獣医師とも相談して決めましょう。

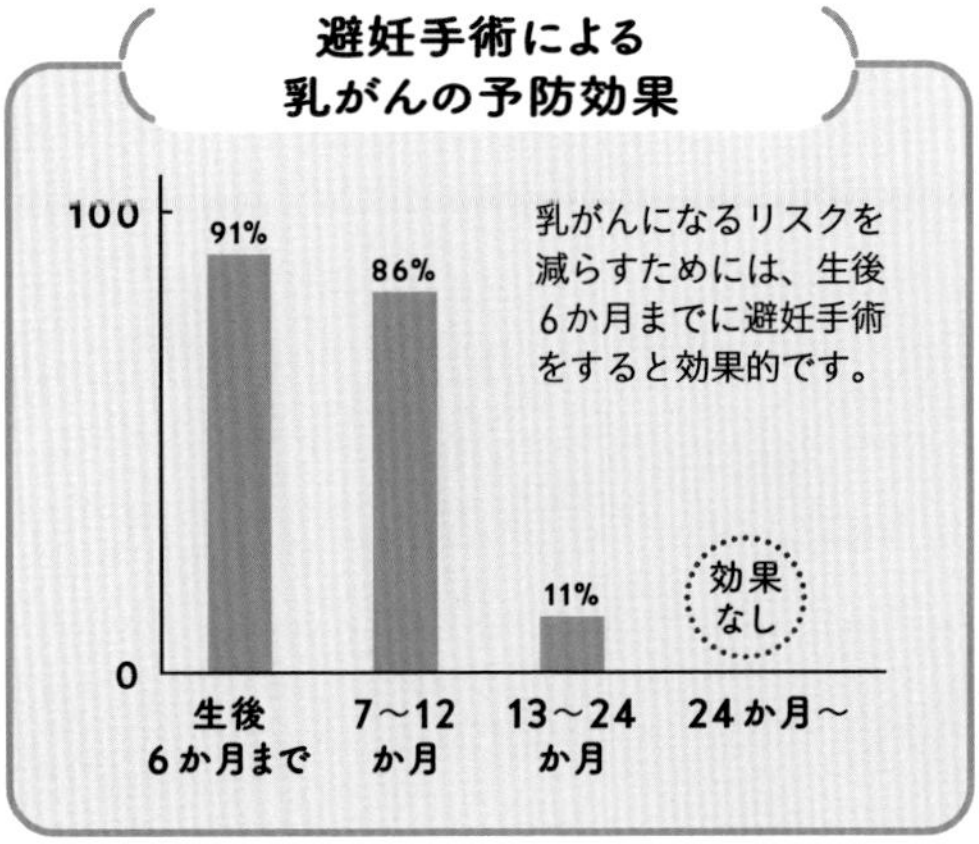
避妊手術による
乳がんの予防効果
100
0
91%
86%
11%
効果なし
生後6か月まで
7～12か月
13～24か月
24か月～
乳がんになるリスクを減らすためには、生後6か月までに避妊手術をすると効果的です。

手術後のメス。手術後は傷口をなめないように術後服を着たり、エリザベスカラーを着ける場合があります。

出典：Schneider R, et al. *J Natl Cancer Inst*. 1969 /Misdorp W. *Acta Endocrinol* (Copenh). 1991/ Overley Bet al. *J Vet Intern Med*. 2005 / Banfield. Banfield State of Pet Health Report, 2013.

肥満

太っちょ猫はダイエットを

人間と同じで、肥満は多くの病気を招きます。ダイエットで健康体を目指しましょう。

そんなにヤバい？

① 太りすぎかどうかチェックする

肥満かどうかは体重ではなく、体型や肉のつき方で判断します。まずは本当にダイエットが必要かどうか、獣医師に診てもらうと安心。ダイエットが必要な場合も、急激に痩せさせるのは危険です。1年で300〜500ｇを目安に計画を立てましょう。

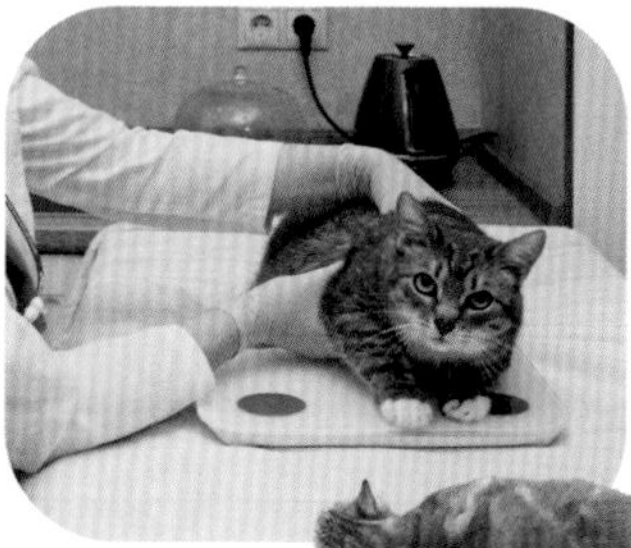

くびれナシ！

② ダイエットフードに変更する

普通のフードとダイエットフードでは、後者のほうが同じカロリーで多くの量を与えられるようになっています。いままでたくさん食べて来た猫がある程度満足してくれるよう、ダイエットフードを利用しましょう。おやつのあげすぎにも注意。

→P.081　フードの切り替え方

葛藤《かっとう》

ちくわが大好きなおやつ
ぺちゃ
ぺちゃ
余韻を楽しんでいる…
ぺちゃ…
うと…
ぺちゃ
うと
うと…
ぺちゃ…
スヤ…
夢の中でもおやつ食べてるのかな
かわいい…!
追加であげたいけど我慢…!

③ 定期的に体重測定＆記録

週に一度は体重を量り記録しましょう。食事量もメモ。可視化することでなかなか体重が減らない時期も乗り越えられます。ペット用体重管理アプリなども利用しましょう。

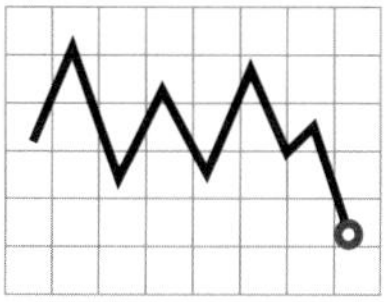

停滞したり、ときには増えたりしながらじょじょに減っていくのが普通。

④ 運動させる

消費カロリーは多くありませんが、筋肉が増えれば基礎代謝が増え痩せやすい体になります。フードを皿で与えず、おもちゃの中から取り出す遊びをさせるのも◎。関節炎など持病がある猫は獣医師と相談しましょう。

投薬

薬の与え方を習得しよう

病気やケガをすると必要になる投薬。うまく与える方法をマスターしましょう。

投薬法は飼い主にとって必修科目

投薬は猫にとって「何をされているのかわからない」状態。当然、嫌がる猫がほとんどです。ですが、治療のためにこればかりは嫌がられてもやらねばなりません。猫の拘束時間をなるべく短くするために、手際よく与えられる方法をマスターしましょう。はじめは獣医師に手本を見せてもらうのがおすすめ。コツがわかるはずです。

勝手な判断で人用の薬を猫に与えるのは絶対にNG。中毒を起こす危険があります。

保定のしかた

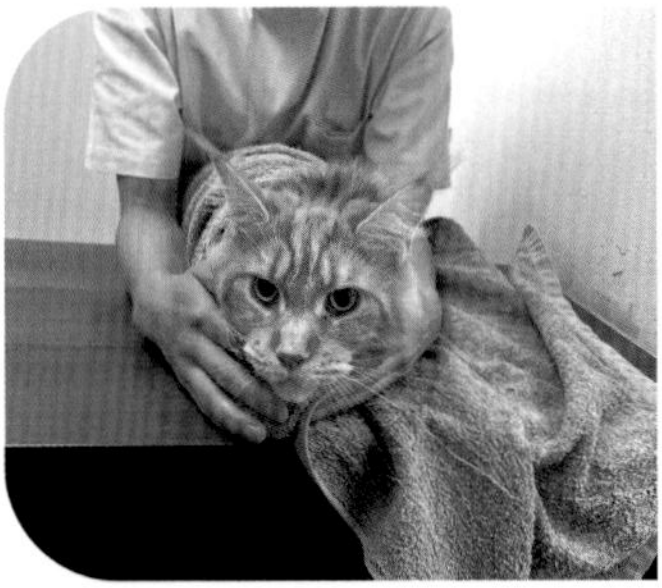

タオルで巻く

バスタオルで首から下を巻きます。猫が足で抵抗できなくなります。

足の間に入れる

頭を保定すると猫は後ろに下がって逃げようとします。後ろに行けないよう、足の間に猫を入れます。

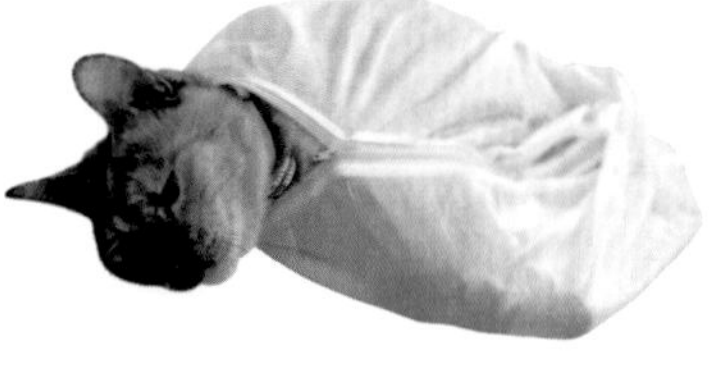

洗濯ネットに入れる

洗濯ネットに入れ、頭だけ、もしくはマズル（鼻と口）だけをネットから出して投薬します。

2人いれば保定係と投薬係に分かれてもOK。
噛みついてくる猫は革製グローブ（P.159）を使うといいよ

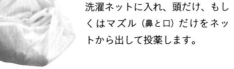

錠剤・カプセル

最も処方されることが多いよ

① 猫の頭を保定

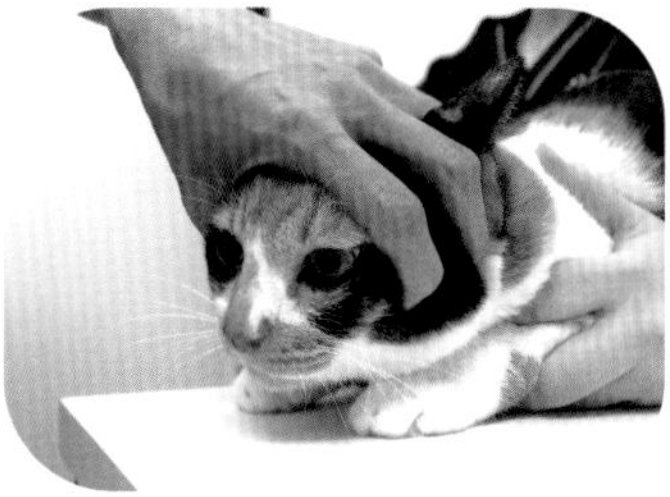

片手で猫の頭部を上から包み込むように持ちます。指先は頬骨の辺り。

② 猫の顔を上向きにする

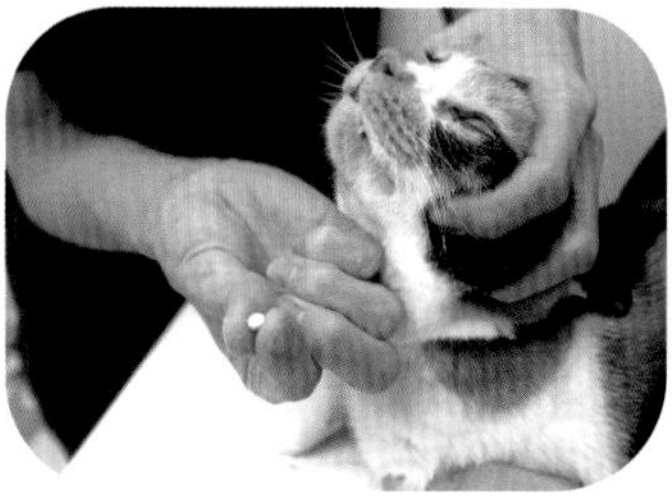

そのまま猫の顔を上に向けます。猫が薬を飲み終わるまで離さずに。

③ のどの奥に薬を落とす

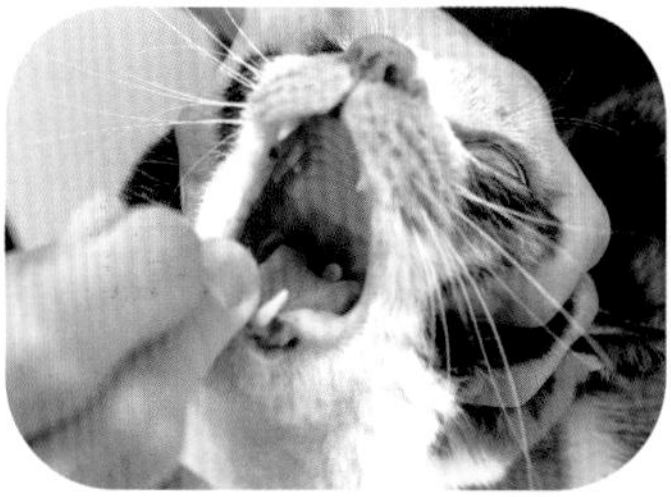

薬を持つ手の中指で下あごを下げ、のどの奥に薬を落とします。

④ 水を飲ませる

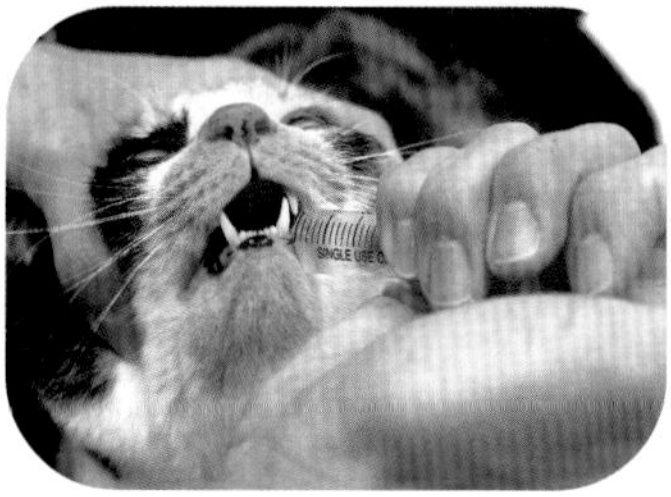

シリンジで水を少量飲ませます。飲ませないと薬が食道に張りついてしまうことがあります。

シリンジの持ち方

人差し指〜小指で包み、親指で押して水を出します。

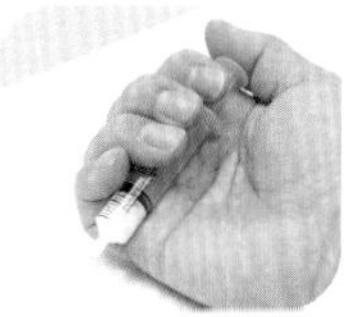

ほかの方法

ピルガンを使う

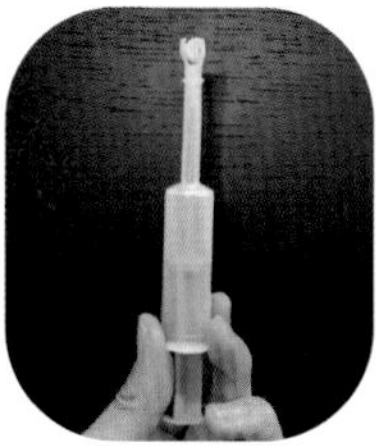

ピルガンとは薬を押し出して飲ませる器具。液剤と同じように与えます。投薬後は上と同じ様に水を飲ませます。

シリンジ&流動食を使う

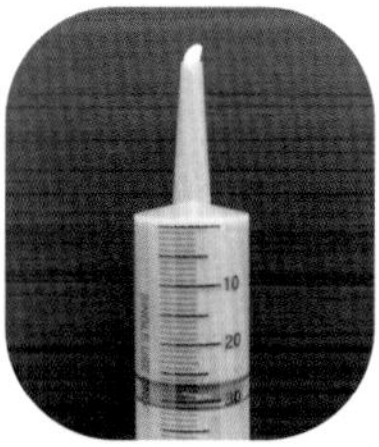

大きめのシリンジで流動食を吸い取り、先に薬を乗せ、液剤と同じように与えます。

→P.172　液剤

粉剤

① 粉剤を水に溶かす

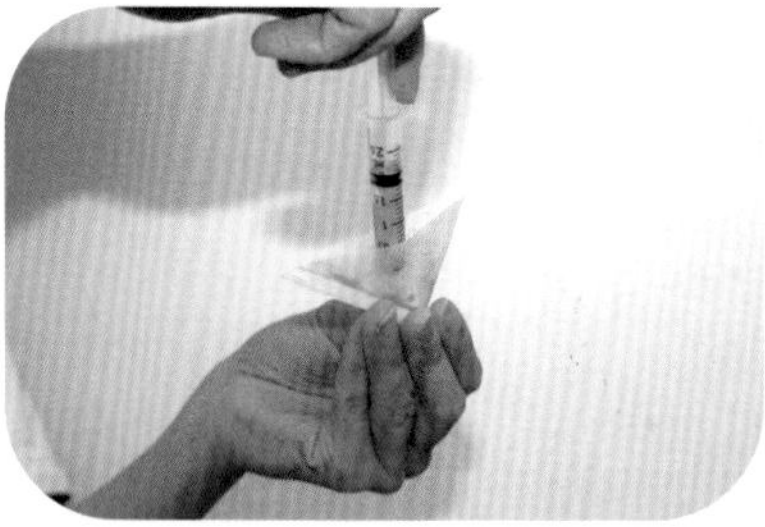

粉剤を少量の水に溶かします。薬が耐水性の分包紙に入っている場合、袋の中に水を直接入れて溶かせばOK。

② 歯の間から流し込む

犬歯の後ろの隙間から溶かした粉剤をゆっくり流し込みます。猫が飲み終わるまで頭を保定しておきます。

シリンジは動物病院で
薬といっしょにもらっておこう。
予備も含めて2～3本あると
いいよ

液剤

① 規定の量をシリンジで吸う

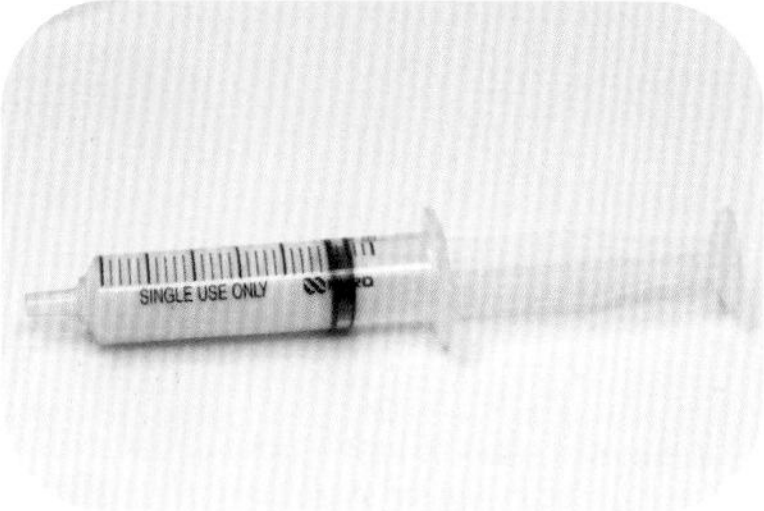
SINGLE USE ONLY

② 猫の頭を保定

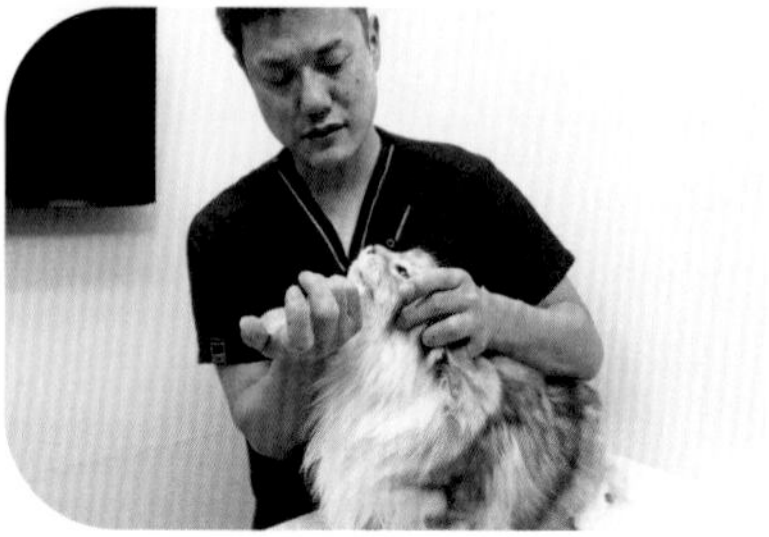

P.171と同じように猫の頭を保定します。顔はやや上を向かせます。

③ 歯の間から流し込む

犬歯の後ろの隙間から液剤をゆっくり流し込みます。猫が飲み終わるまで頭を保定しておきます。

粉剤、その他の投薬法

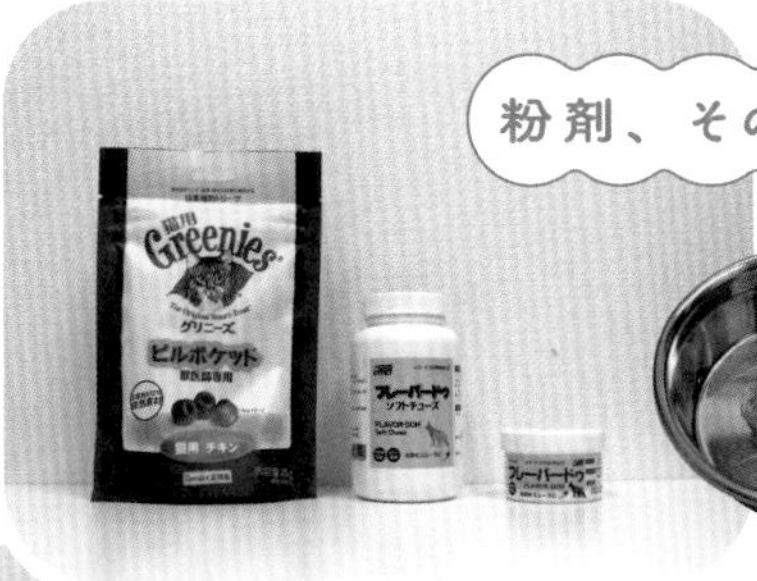

ウエットフードや投薬補助食品に混ぜる

苦みの少ない薬なら、ウエットフードや投薬補助食品に混ぜて、おやつのように与えることもできます。一口大の大きさにして、猫が空腹のときに与えると◎。

空のカプセルに入れる

錠剤やカプセルをうまく飲める猫なら、カプセルに粉剤を入れて与えます。カプセルのサイズは小さい4号か5号が適しています。

食いしん坊の
猫ならこの方法!

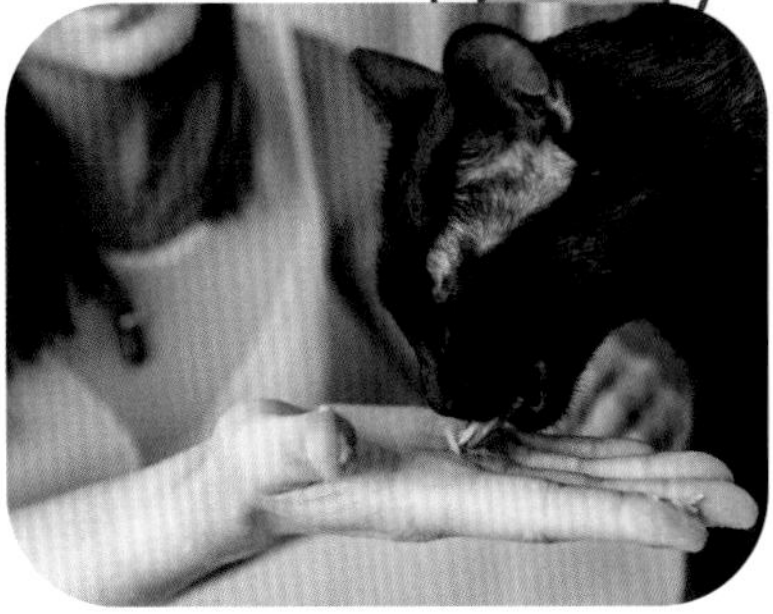

錠剤を砕いて粉剤にしても

錠剤をうまく飲ませられず、粉剤なら与えられる猫の場合、ピルクラッシャーなどで錠剤を細かく砕いて与えてもよいでしょう。

無塩バターやマヨネーズ、バニラアイスに混ぜる

猫が好むこれらの食品を少量用意し、粉剤を混ぜて与えます。ただし糖尿病などで食事療法が必要な猫にはこの方法は使えません。

! いつものフードに薬を混ぜると食べなくなる恐れが

主食のキャットフードに薬を混ぜて与える方法もあります。とくに気にせず食べてくれる猫もいますが、神経質な猫の場合、「変な味がする」と、それ以降その主食を食べなくなってしまうことがあります。猫の性格の見極めが必要ですが、判断に迷う場合は主食ではなく、投薬補助食品などに混ぜて与えるほうが無難です。

点鼻薬

鼻の穴に1滴垂らす

P.171と同じように猫の頭を保定します。顔はやや上を向かせます。薬を1滴、鼻の穴に入るように上からポタリと垂らします。

抗生物質は飲み切る

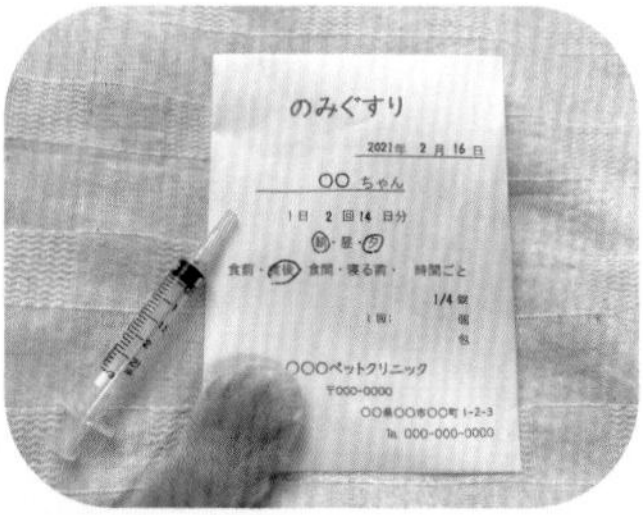

症状がなくなったからといって処方された抗生物質を中断すると、ぶり返したり治りにくくなったりすることがあります。症状が治まっても体内には菌が残っていて、完全に退治しないとその抗生物質に対する耐性をもってしまうからです。抗生物質はかならず飲み切ることが大切です。

点眼薬

① 猫の頭を保定

P.171と同じように猫の頭を保定します。このとき、猫の後ろから保定すると点眼しやすくなります。顔はやや上を向かせ、まぶたを開きます。

② 1滴垂らす

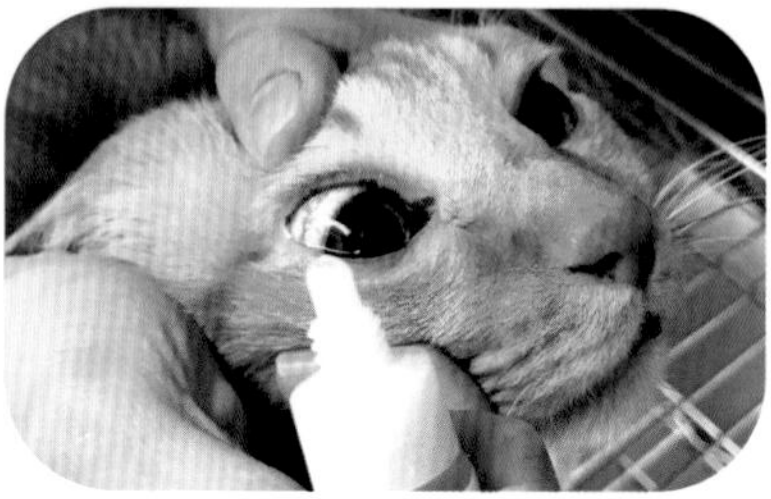

薬を1滴、目の上からポタリと垂らします。容器の先が目にあたらないよう注意。

③ まぶたを閉じ開き

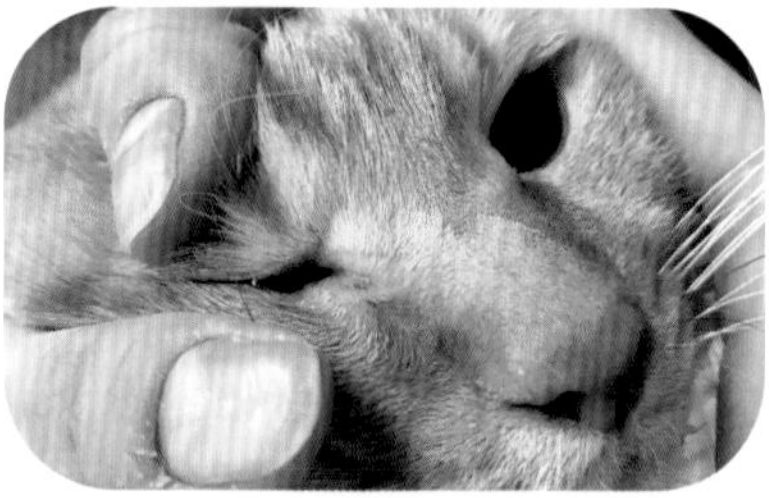

薬が目全体に行き渡るよう、まぶたを2〜3回閉じたり開いたりします。

エスパー？

あ、そろそろちくわに薬を…
こそ…こそ…
……
なんで？心読めるの!?
ダッッ

駆虫薬

スポットタイプ

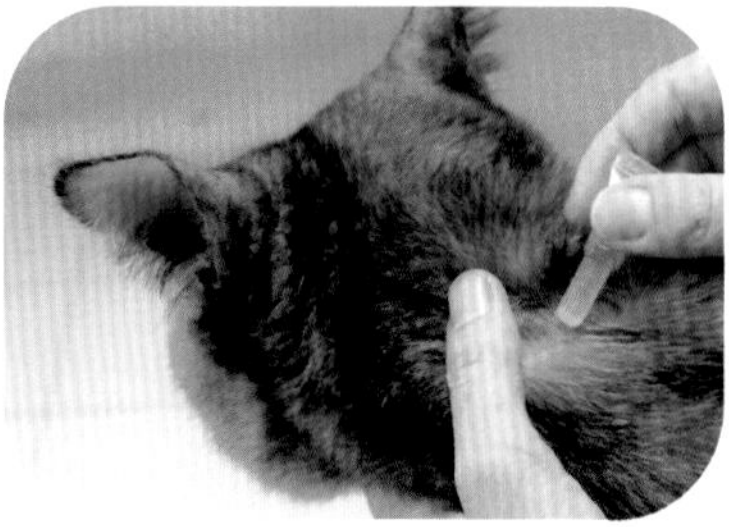

肩甲骨の間につける

毛をかきわけ、肩甲骨の間の皮膚にチューブの先端をつけ、液体全量を絞り出します。薬の成分は皮膚から全身に行き渡ります。この場所につけるのは猫が自分でなめられないため。なめると嘔吐などの副反応が起きます。

スプレータイプ

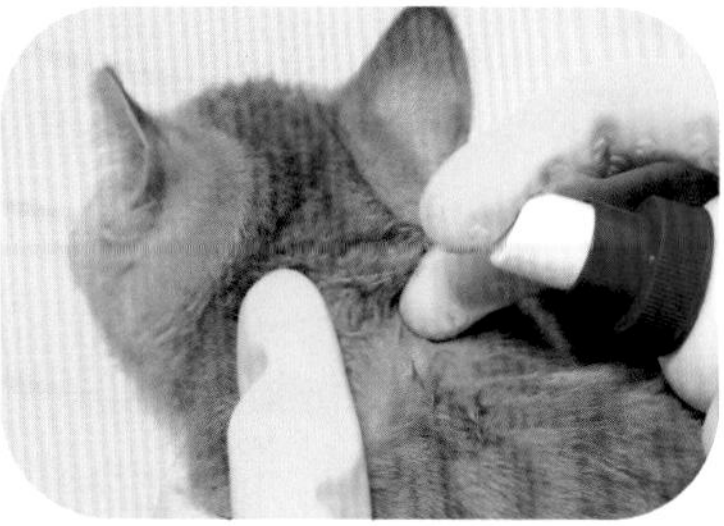

全身にまんべんなくスプレー

毛をかきわけて根元を湿らせるようにスプレー。目や口内などの粘膜を避けて全身にスプレーします。手荒れを防ぐためゴム手袋を着けて行います。

マンガ

災害時に猫を守れる？

災害から猫を守れるのは飼い主のあなたしかいません。きちんと備えておきましょう。

知ってた？
地震負傷者の3～5割は家具類の転倒や落下が原因なんだって
家の中で負傷してるんだ
私たちは外出してても、ちくわはかならず家にいるんだもんね…
対策しないと！
転倒・落下防止!!!
そういえば最近「同行避難」っていう言葉を知ったけど
同行避難
これってペットといっしょに避難するっていうこと？
そうそう 自宅から避難するときはペットも連れて行こう！っていうこと
いっしょに避難
人だけで避難したあと、自宅に帰れない事態になってペットが置き去りになるかもしれないからね
避難所
いつ家に帰れるかわからない…
なるべくいっしょに避難したいね…
同行避難するときはリュック型のキャリーバッグが便利だよ！
両手が使える！
つづく

防災

災害への備えも必要

日本は災害大国。愛猫を災害から守れるのは飼い主さんしかいません。

室内の安全対策

飼い主さんの在宅中に災害が起きるとは限りません。留守中も家にいる猫が安全でいられるよう、家具の固定などの安全対策をしておきましょう。人のための対策はそのまま、室内にいる猫のための対策になります。

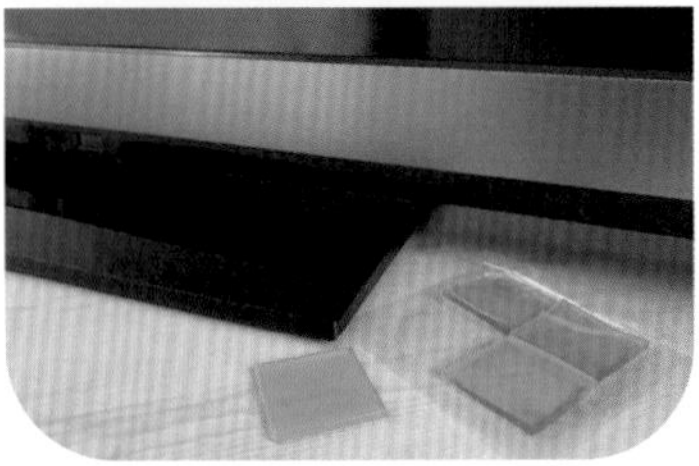

家具・家電の固定

ネジで固定するのが最も安全ですが、賃貸の場合は突っ張るタイプの耐震用具や耐震ジェルなどを利用します。キャットタワーやケージも固定。棚は中に収納しているものが飛び出さないよう、耐震ラッチをつけるなどの対策を。

猫がよくいる場所が見えるように設置

外出中の災害には見守りカメラや自動給餌器が役立つ

停電していなければ、見守りカメラで家にいる猫の安否を確認できることがあります。リモート操作できる自動給餌器があれば食事も与えられます。交通機関の麻痺などですぐに帰宅できないときに便利。

猫の隠れ場所を作る

猫が怖いと思ったときに逃げ込める場所を作り、そのまわりは安全対策を徹底。頑丈なキャリーバッグをテーブルの下などに固定しておくのも◎。猫を探すときはそこから探します。

同行避難のしかた

荷物は10kg以内

安全に持ち運べるのは、力持ちの人でも15kg以内といわれています。もちろん猫を含む重量です。平時に猫を含めて持ってみて、普通に歩けないほど重たい場合は持ち出し品を減らします。

猫を入れるキャリーはリュック型かショルダー型

安全のため両手はなるべくフリーにしておきます。リュック型か肩に掛けられるタイプがおすすめ。フックがあればショルダーベルトをあとからつけることもできます。

優先して持ち出したいモノ

キャットフード

ペット用の支援物資はすぐには届きません。いつものフードのほか、食欲アップ用のおやつも持ち出します。

猫の持病の薬

大災害ではかかりつけの病院も被災します。非常時用に多めにもらい常備しておきましょう。

あとから持ち出せばいいモノ

ケージ

避難所ではケージに猫を入れてお世話しますが、重たいのではじめに持ち出すことは難しいでしょう。

猫用の皿

牛乳パックやペットボトルで作成可能です。

猫のトイレ

段ボールにゴミ袋をかけ中にちぎった新聞紙を入れれば、簡易トイレが作れます。

スマホに保存しておこう

- 愛猫の写真
  （猫とはぐれたとき、捜索に必要）

➔P.182 迷子になってしまったら

- 自分と愛猫がいっしょに写っている写真
  （猫と離れたとき、自分が飼い主である証拠になる）
- 愛猫の健康データ
  （猫をあずけてお世話してもらうときなどに必要）

➔P.206　愛猫の健康手帳

- 動物病院の連絡先
  （かかりつけのほか、近所の病院を複数調べておく）

避難生活の送り方

① 自宅が無事なら在宅避難

避難生活＝避難所で過ごすことを思い浮かべがちですが、自宅が無事なら自宅で過ごすのがベスト。猫も一番安心できます。救援物資や情報は避難所で得る必要があるので、最寄りの避難所で避難者として登録を。

ガスや電気が使えないとき用にカセットコンロがあると便利。寒い時期は湯たんぽも作れます。

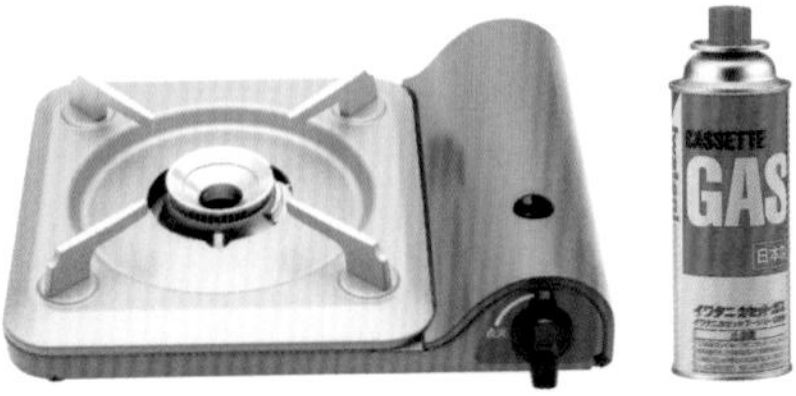

② 自宅や知人宅に猫を置き、お世話に通う

自宅で生活するのが難しいときも、猫は自宅に置いて毎日お世話に通う方法があります。壁や窓が割れていてもケージでお世話すれば大丈夫。見知らぬ人やペットがたくさんいる避難所より、猫は落ち着いて過ごせます。

③ 自家用車やテントで過ごす

避難所に猫連れで行っても、猫はペット専用スペースに置くことがほとんど。そのためテントや自家用車でペットといっしょに過ごすことを選択する飼い主さんも多いようです。車やテントでは、猫はケージに入れてお世話します。平時に猫抜きで車中泊やキャンプをして練習しておくとよいでしょう。

車での避難生活はガソリンを入手できればエアコンが使えるのがメリット。

猫の脱走を防ぐためフルクローズタイプのテントを選びます。体育館などの屋内でプライバシー空間としてテントを使うのもよい方法。

④ 避難所で過ごす

猫はケージに入れてお世話します。ケージは原則、飼い主が用意。犬などほかのペットも近くにいることが多いため、段ボールや布でケージを覆ってストレスを減らします。平時から猫をケージに慣らしておきましょう。

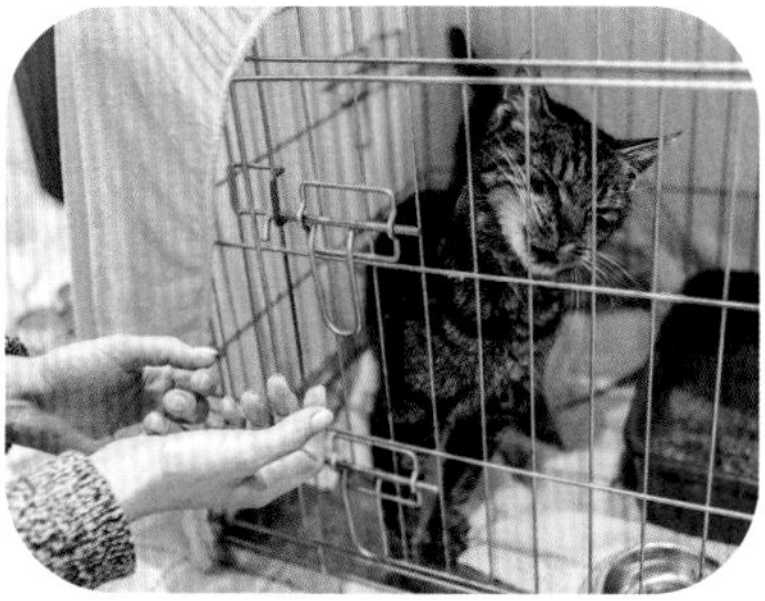

! 同行避難≠猫との同居

「同行避難」は国の方針で、ペットを連れて安全な場所に移動することを指します。避難所でペットと同じ部屋で寝泊まりすることではありません。避難所には動物が苦手な人やアレルギーの人もいるため、人用のスペースにペットは入れられません。

折り畳み式のケージがあると便利。

どうしてもお世話できなければ猫をあずける

非常時も飼い主が責任をもってお世話するのが基本ですが、どうしても難しい場合、自治体や獣医師会による被災ペット救護施設や、NPOのアニマルシェルターにあずける方法もあります。あとでトラブルにならないよう、あらかじめあずかりの条件や期間、費用等を確認し書面で交わしましょう。生活再建を急ぎ、なるべく早く愛猫を迎えにいきましょう。

飼い主どうしで助け合おう

ペット連れで避難所に来た人どうしで「飼い主の会」を作り、互いに助け合いましょう。ペットスペースの掃除を分担する、不在時には代わりに食事を与えるなど協力し合います。

自宅そばの避難所が、
災害時ペット可であるかどうか
平時に確認しておこう。
自治体によっては
ペット用ケージを用意している
ところもある

迷子になってしまったら

うっかり脱走させてしまったら、すぐに捜索を開始しましょう。

① 自宅周辺をくまなく捜索

室内飼いの猫は、慣れない屋外におびえて固まっていることがほとんど。脱走直後は家のすぐそばにいることが多いので、小さな隙間もくまなく捜してみてください。猫のおやつやキャリーを持ち歩くと◎。

捜す POINT

☑ 家と家の間

隣家との隙間や縁の下、塀の上にいることも。隣の人に事情を説明したうえで捜索します。

☑ 屋根の上

2階以上の窓から外に出た場合、自宅や隣家の屋根の上にいることがあります。

☑ 室外機のそば

冬は温かい室外機のそばにいることも。湿気よけのブロック塀の隙間も見逃さずに。

☑ 植え込みの中

植栽の中にひっそりと隠れていることも。よく見てみましょう。

☑ 車の下

寒いとエンジンルームに入り込むことも。ボンネットを叩くと出てくることがあります。

☑ 物置の上や下

壊れた物置の内側にひそんでいることもあります。

② 迷い猫の届け出をする

脱走の翌日までに各所に届け出や問い合わせをします。愛猫が誰かに保護されるかもしれないからです。似た猫が保護されたら先方から連絡が来るかもしれませんが、こちらから定期的に問い合わせるほうが確実。動物病院には迷い猫チラシ（下記）も貼らせてもらいましょう。

連絡先

- 地域の交番、警察署
- 地域の保健所、生活衛生課
- 地域の動物愛護センター
- 地域の動物病院
- 地域の清掃事務所

③ 迷い猫チラシを作る

立ち入れない場所もありますし、自分だけで捜すのは限界があります。チラシを作り情報を募りましょう。自宅周辺に許可を取って貼らせてもらうほか、近隣に１軒ずつポスティング。範囲は自宅の半径50mから始め、じょじょに広げていきます。猫を捜しつつ道行く人に手渡ししてもよし。

チラシのテンプレートは
インターネットで探せる。
コンビニなどでカラー
プリントもできるよ

特徴がわかるカラー写真

顔、全身の模様、しっぽの長さなどがわかる写真を使用。１枚でわからなければ数枚掲載します。

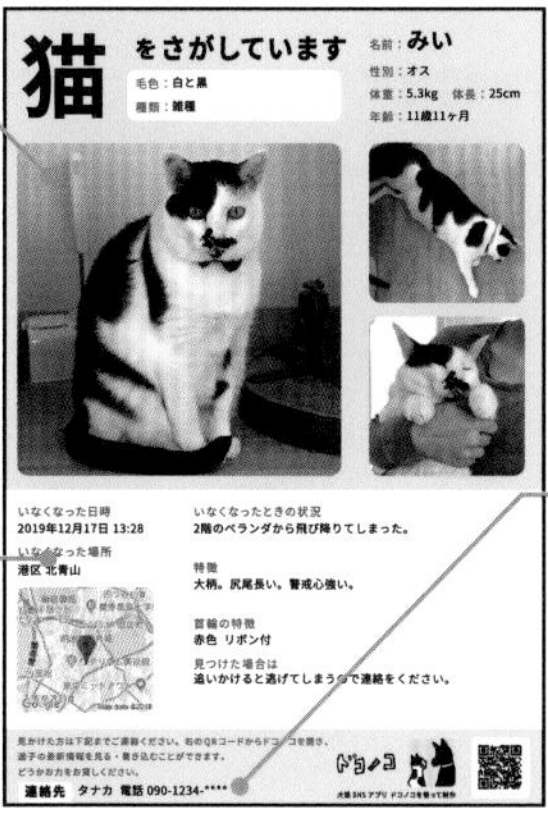
猫
をさがしています
毛色：白と黒
種類：雑種
名前：みい
性別：オス
体重：5.3kg　体長：25cm
年齢：11歳11ヶ月
いなくなった日時
2019年12月17日 13:28
いなくなった場所
港区 北青山
いなくなったときの状況
2階のベランダから飛び降りてしまった。
特徴
大柄。尻尾長い。警戒心強い。
首輪の特徴
赤色 リボン付
見つけた場合は
追いかけると逃げてしまうので連絡をください。
見かけた方は下記までご連絡ください。右のQRコードからドコノコを開き、
迷子の最新情報を見る・書き込むことができます。
どうかお力をお貸しください。
連絡先　タナカ　電話 090-1234-****
ドコノコ

文字は少なく

人々の記憶に残るのはビジュアル。文字でずらずらと伝えるより写真を大きく掲載します。

電話番号を記載

メールを使っていない人もいます。せっかくの情報を逃さないようにしましょう。

④ インターネットの迷い猫掲示板に情報を掲載

迷い猫の情報を掲載できるサイトが多くあります。左記はその一部。迷い猫チラシを直接目にできない人にも情報を伝えられるのでぜひ活用を。愛猫が見つかったら「見つかりました」の報告も掲載します。

- 迷子ペット.NET
  https://maigo-pet.net/cat/
- ネコジルシ
  https://www.neko-jirushi.com/maigo/
- ドコノコ
  https://www.dokonoko.jp/lost-child

協力：ドコノコ©HOBONICHI

応急処置

いざというときの応急処置

室内飼いでも猫の事故やケガは起きます。応急処置を知っておきましょう。

応急処置ができなければとにかく早く病院へ

　やけどした場所を冷やすなどの応急処置をすることができれば、その後の治癒を早めることができます。ただし猫が暴れて触れないときなどは応急処置をすることにこだわらず、とにかく早く動物病院へ連れて行きましょう。夜間などでかかりつけの病院が開いていないときも、猫が重症なら救急病院などに行くことをおすすめします。

　また、自分で応急処置ができてもそれだけで終わらず、かならず病院で診てもらうことも大切です。

出血

血がじわじわとにじみ出る出血には圧迫止血

傷口を流水で洗い流して清潔にしたあと、ガーゼなどを患部に強く押しあてます。血がにじんできてもガーゼは取り換えず5分以上圧迫。その後ガーゼの上から包帯などで緩く巻いて傷口を保護します。圧迫するのはハンカチやタオル、包帯でも可。脱脂綿やトイレットペーパーは傷口にくっつきやすいため適しません。

ドクドク出る出血は心臓に近い部分を縛る

ドクドクと出る動脈からの出血には、傷口より心臓に近い部分を縛る止血をします。包帯やタオル、ハンカチなどで縛り、さらにきつくするために結び目にペンなどの棒を差し込み、もうひと巻き。5分おきに結び目を緩め止血できたか確認します。緩めないと壊死を起こすので注意。血の出方が遅くなったら上記の圧迫止血に切り替えます。

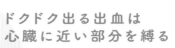

やけど

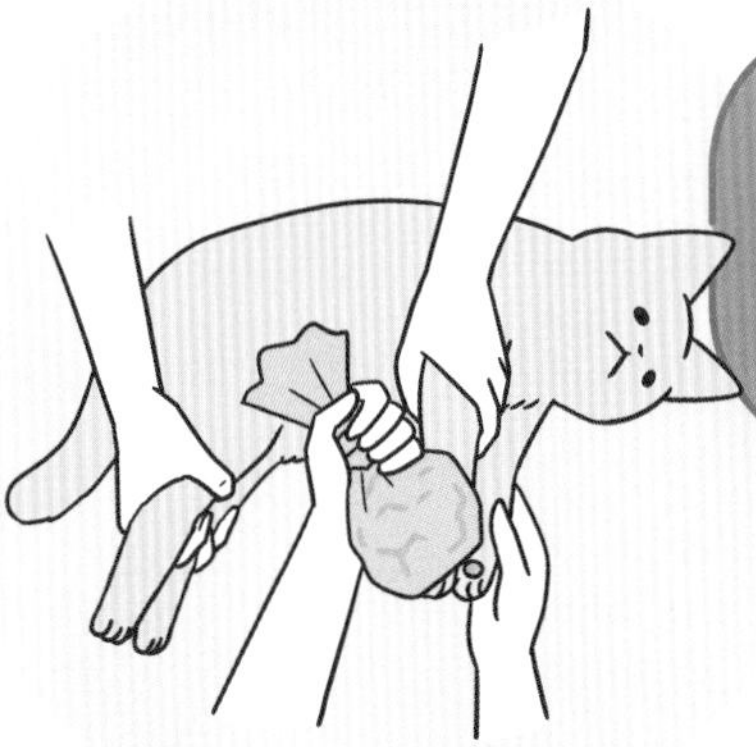

氷のうなどで患部を冷やす

患部に汚れがついていれば水で洗い流し、氷のうや保冷剤をあてて冷やします。冷やす時間は15〜30分が目安。動物病院への移動中も冷やしながら行くと◎。

広範囲のやけどは濡れタオルで巻く

冷水で濡らしたタオルで患部を覆い、なるべく動かさないようにして動物病院へ連れて行きます。痛みで暴れて手がつけられないことが想定されますが、その際は猫を洗濯ネットに入れてから濡れタオルで覆います。重度のやけどは命に関わるのでなるべく早く病院へ。

! 低温やけどにも注意

本来ならやけどする熱さではないペットヒーターやカイロでも、体の同じ部分がずっとふれていると低温やけどすることがあります。寝返りの打てない高齢猫やよちよち歩きの子猫に起きやすいので注意。ケージ飼育は暑くなったときの逃げ場も作ることが大切です。

やけどのサイン

- 毛が焼けている
- 毛がたやすく抜ける
- 肌が赤くなっている
- 水ぶくれ
- 皮膚がめくれている
- 触ると嫌がる　など

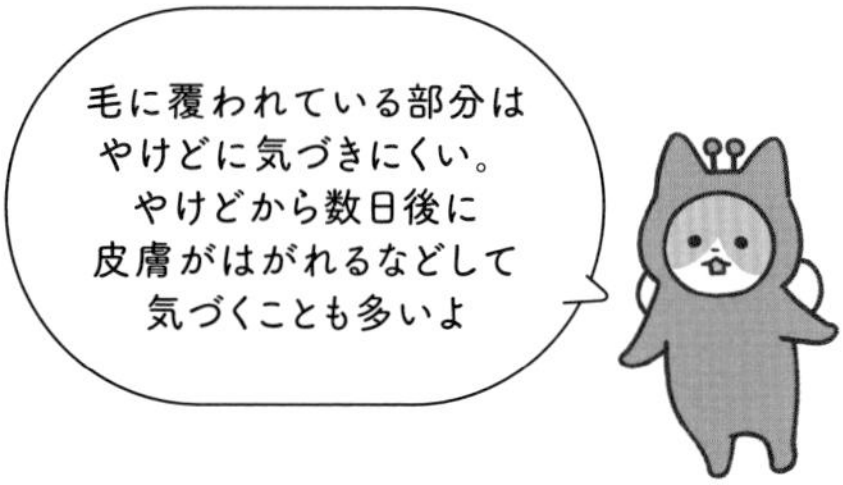
毛に覆われている部分は
やけどに気づきにくい。
やけどから数日後に
皮膚がはがれるなどして
気づくことも多いよ

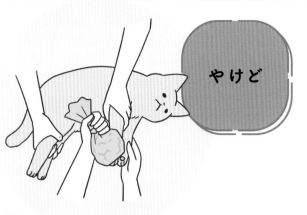

熱中症

一刻も早く冷やす

クーラーをつけた部屋に移動させ、保冷剤などを太い血管が走っている部分（首や後頭部、脇など／イラスト参照）にあてます。濡れタオルで全身をくるんだり、水を入れたタライに猫の首から下を入れてもOK。熱が39℃まで下がり、ハアハアという口呼吸がなくなるまで冷やし続けます。熱が下がっても内臓に障害が起こることがあるためかならず病院へ。

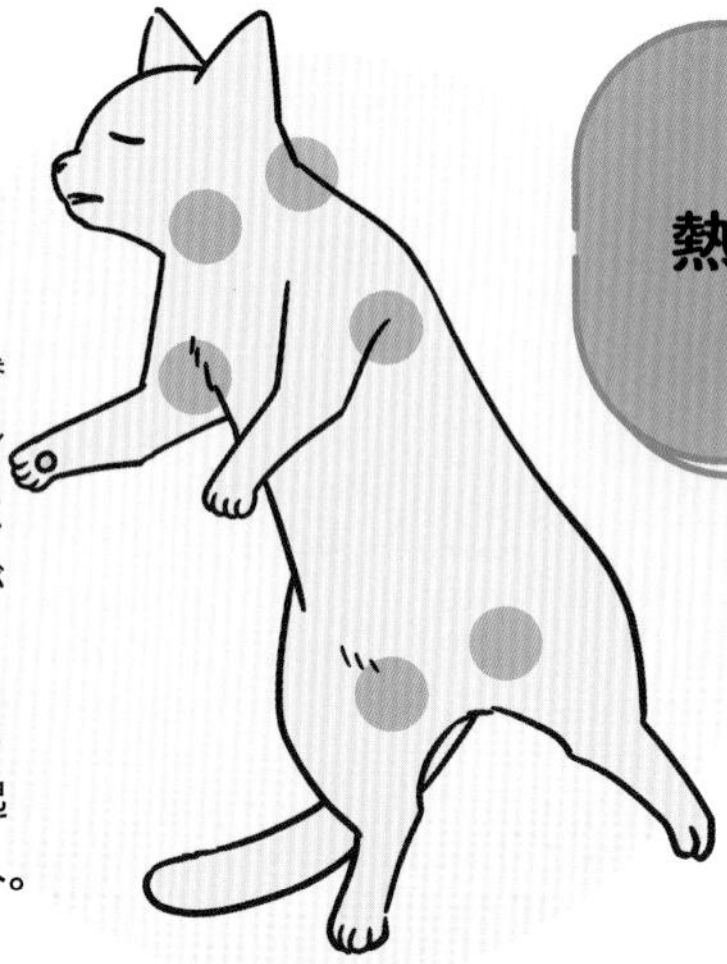

冷やす部位

熱中症のサイン

- 体温が40℃以上
- 口でハアハアと呼吸する
- よだれが出る
- 歯茎や舌、目が充血
- ふらつく
- ぐったりして意識がない　など

鼻の低い短頭種は呼吸による体温調節がしにくいため熱中症になりやすい傾向があります。

脱水

首の後ろの皮膚を持ち、離したときにすぐに皮膚が戻らないのは脱水の証拠。

経口補水液を飲ませる

熱中症や高熱などの不調で脱水を起こします。人用の経口補水液やスポーツドリンクを2倍に薄めたものをシリンジやスポイトにとり、犬歯の後ろの隙間から流し込みます。量の目安は体重1kgあたり10cc以上。

おぼれた

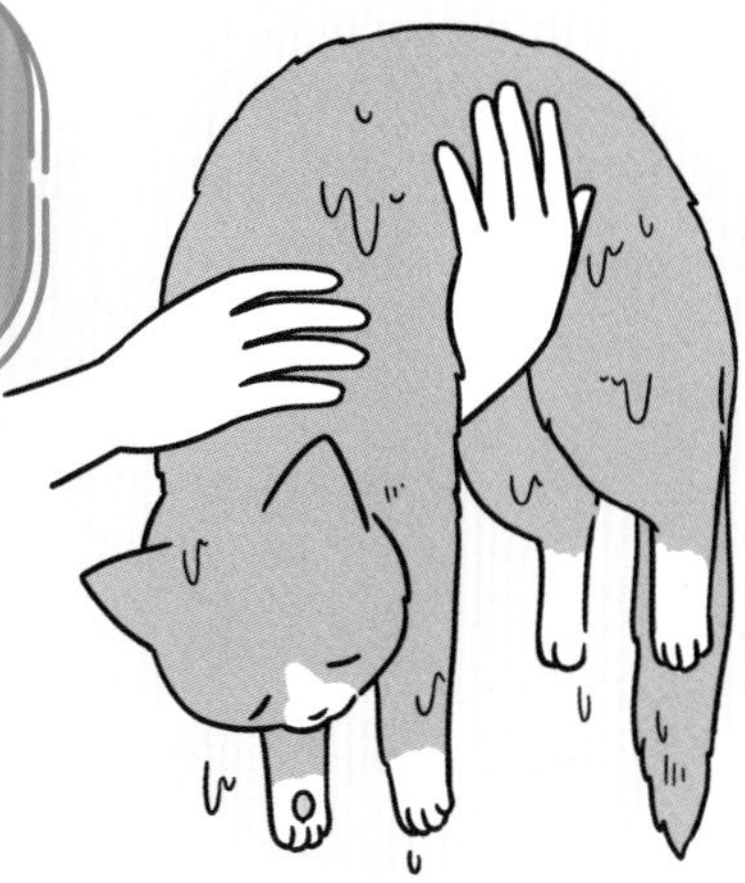

水を吐かせる

大量に水を飲んだ場合は猫の後ろ足や腰を抱え、頭を下にして水を吐かせます。背中をさすったり軽く上下に振ったりすると吐きやすくなります。その後濡れた体を乾かします。

打撲

一刻も早く冷やす

患部に保冷剤や氷のうをあてて冷やします。冷やす時間は15〜20分が目安。足が変な向きに曲がっていたり、異常に腫れているなど骨折が疑われるときは下記の運び方で病院へ。

意識がない猫の運び方

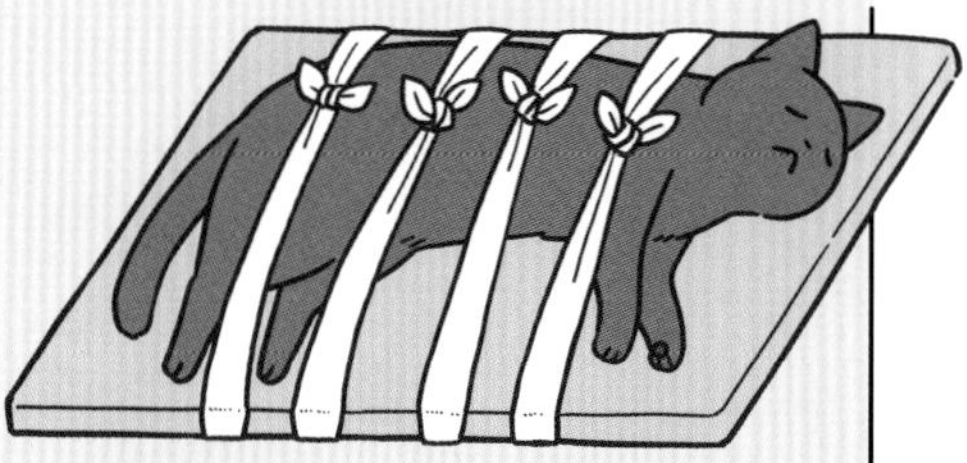

体をゆすって起こそうとするのはNG。なるべく動かさないようにして病院へ連れて行きます。板や段ボールを担架代わりにして運ぶとよいでしょう。風呂のフタも利用できます。息ができるよう首の角度に注意して板の上に寝かせ、猫の体と板をタオルや包帯で巻いて固定します。骨折が疑われるときも同じように運びます。患部をなるべく動かさずに病院に連れて行きましょう。

高齢猫

高齢猫のお世話

猫は人よりも早く年をとります。心がまえをしておきたいものです。

ちょっとした工夫で生活の質は保たれる

老いが見える年齢には個体差がありますが、一般にシニアの入口は7才ごろ。11才は人間でいえば還暦で、元気そうに見えてもあちこちに老化が現れます。白髪のように白い毛が混じりはじめたり、耳が遠くなったり。高血圧による網膜剥離で目が見えなくなる猫もいます。

人間も足腰が弱くなると階段に手すりをつけたりします。猫の場合も同じように、体の状態に合わせたくらしの工夫をしましょう。トイレに入りやすいようスロープをつけたり、昔ならひと跳びで乗れたところに台を置いて中継地点を作ったり、ちょっとしたことで生活の質を保つことができます。また、目が見えなくなっても部屋のレイアウトさえ変えなければほかの感覚を駆使して歩き、普通と同じように生活できる猫もたくさんいます。

もちろん健康チェックも大切。半年に一度は健康診断を受け、病気を見逃さないようにしましょう。寝てばかりいるのは老化のせいではなく関節炎のせいだったということもあります。愛猫には、穏やかで健やかな老後を過ごしてほしいものです。

ストレスのない生活
これが一番！

いつもと同じ部屋で、いつもと同じくらしができるのが高齢猫にとっては一番。新入り猫の登場は、体力の衰えてきた高齢猫にとって大きなストレスになる恐れがあります。

高齢猫用フード

高齢猫用フードは抗酸化効果のあるビタミンが加えられていたり、便秘解消用の食物繊維が多く含まれているなどの工夫がされています。多少高額でも良質なフードで健康を保ちましょう。

→P.081
フードの切り替え方

トイレをバリアフリーに

足腰が弱ってトイレのフチを越えるのが難しくなってきたら、フチが低くてまたぎやすい容器に替えたり、スロープをつけるなどの工夫をしましょう。

にゃんこスロープ❶

体のお手入れをこまめに

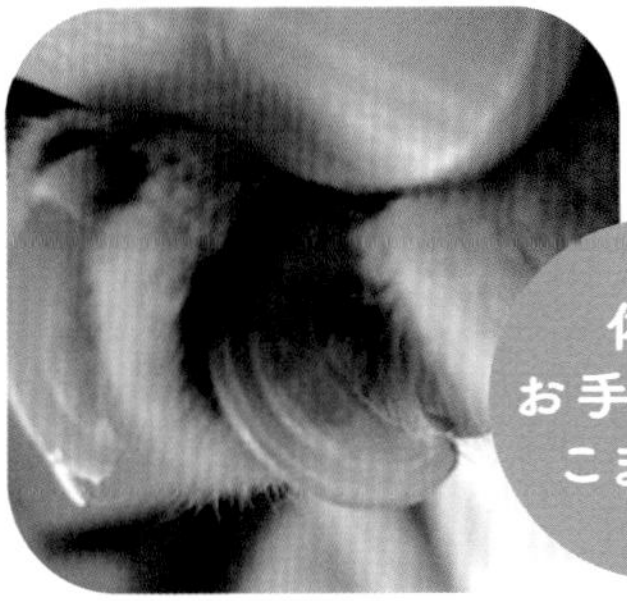

毛づくろいや爪とぎをあまりしなくなって、毛玉ができたり爪が伸びて肉球に刺さることがあります。飼い主さんがまめにお手入れしてあげましょう。

→P.096　体のお手入れ方法

段差を低く

外を眺められる窓辺など、お気に入りの場所に行けなくなるのは悲しいもの。ひと跳びで乗れなくても階段状に段差を作って上がれるようにするなどして、猫の楽しみを減らさないようにしましょう。

＊商品お問合せ先はP.015

介護

終末期や病気の介護

病気になったときや亡くなる前、障害を負ったときには介護が必要になります。

食事の介助

スプーンで与える

寝たきりや食欲不振でも、スプーンや皿を口元に持っていくと食べることがあります。

シリンジで流動食を与える

自力で食べないときは、太めのシリンジで液剤（P.172）と同じように与えます。誤嚥しないよう少量ずつ。

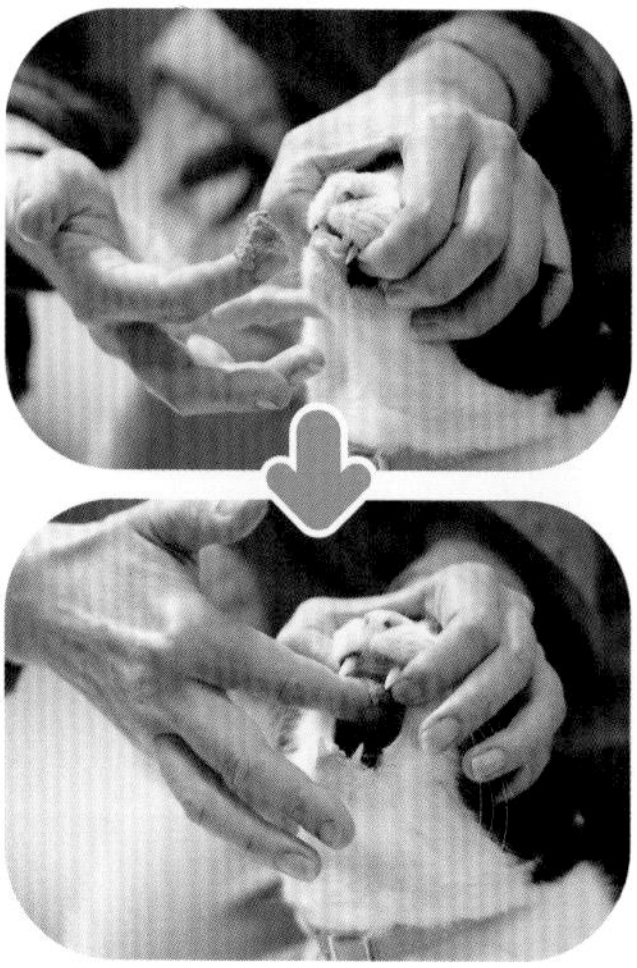

手で与える

ウエットフードを指に取り、猫の口内の上あごにつけます。鼻先に少量つけるとなめ取ることも。

介護はひとりで抱え込まない

飼い主の負担が大きい介護生活。いつ終わるかわからず、身体的にも精神的にもまいってしまう人がいます。疲れたら家族を頼ったり、介護も頼めるペットシッターを利用したりしましょう。ひとりでがんばりすぎて倒れてしまってはいけません。

かかりつけの動物病院とタッグを組むのは必要不可欠。与える食事や排泄方法など悩んだことはすべて相談しましょう。専門家ならではのアドバイスをくれるはずです。認知症で徘徊したり大声で鳴き続ける猫も

皮下点滴

1 容器を高い場所に吊るす

液体の入ったバッグをフックなどで高い位置に吊るします。空気が入らないようにするため、針から少し液体を出して止めます。

2 肩の皮膚を引っぱり針を刺す

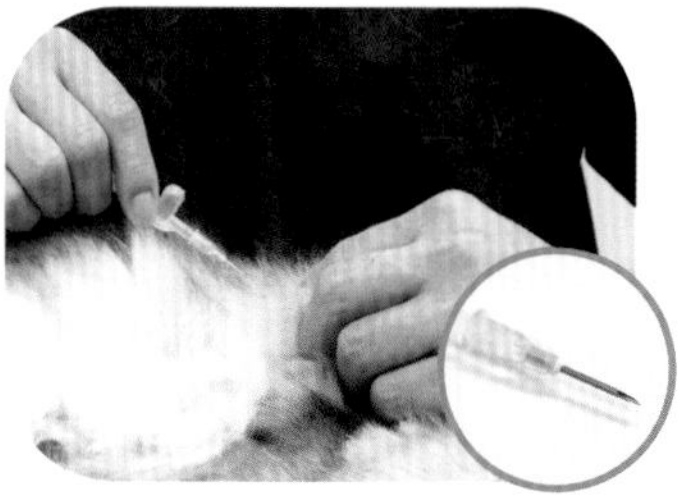

肩の皮膚が余っているところを上に引っぱり、そこに針を刺します。筋肉と皮膚の間に差すかたちです。

終末期や病気のときは
脱水症状が起きがち。
その解消として
皮下点滴が必要になるよ

3 点滴が終わるまで保定

猫が動くと針が抜けてしまうため、終わるまで保定します。

4 針を抜く

ゆっくりと針を抜きます。針が刺さっていた場所を10秒ほど強めにつまみ、出血などを防ぎます。

※かならず獣医師の指導を受けてから行ってください。
病院によっては自宅での皮下点滴を推奨しないところもあります。

いますが、投薬やサプリで改善することもあります。

治療方針は医療費も含め獣医師に相談

完治を目指して最高レベルの検査と治療をすることだけが選択肢ではありません。経済的に難しい場合もあるでしょう。ほかにどんな方法があるか、獣医師によく聞いてみましょう。高額なプランAは無理だけどプランBなら可能ということもあるでしょう。とくに猫が弱っている場合、完治を目指して手術するよりも、痛みを取る緩和ケアをしながら過ごすほうがよい場合も多いのです。よい動物病院なら無理のない範囲でできる治療法を提案してくれるはずです。

寝たきりのケア

専用のマットに寝かせる

自力で動けず寝返りもできない猫は、低反発マットなどに寝かせたうえ、2～3時間おきに体の向きを変えて床ずれを防ぎます。

アルテア体圧分散マット❶

マッサージをする

筋肉が固まりがちなので、足の曲げ伸ばしやマッサージを毎日行って血流をよくしてあげましょう。

床ずれができやすい場所

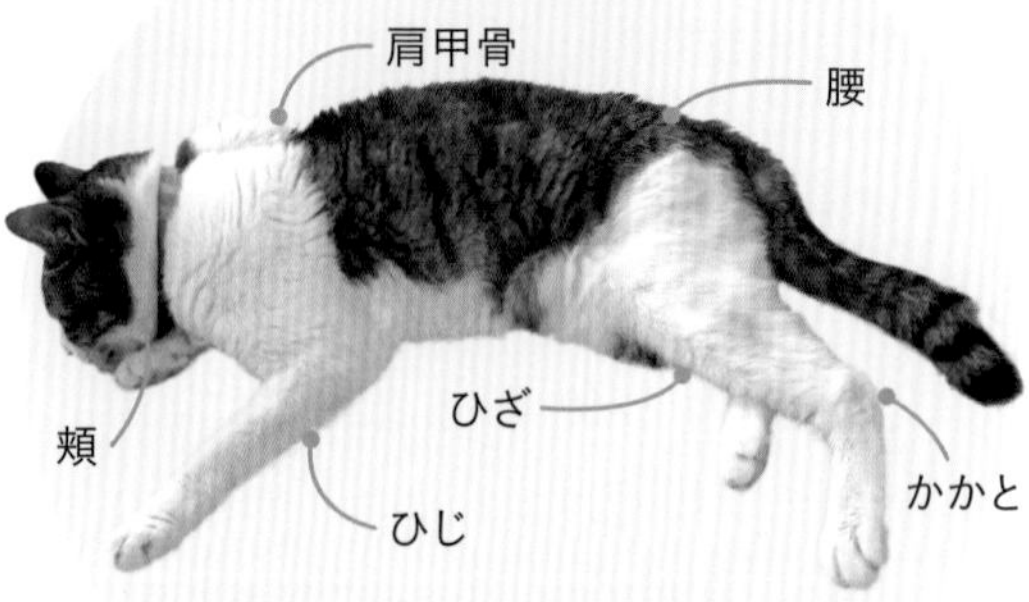

骨が出っぱっている部分に床ずれができます。床ずれができた場合は獣医師に相談を。

体の清潔を保つ

自分で毛づくろいできない猫の代わりに、顔やおしりまわりを拭く、ブラッシングする、ホットタオルで拭くなどのお手入れを毎日行います。

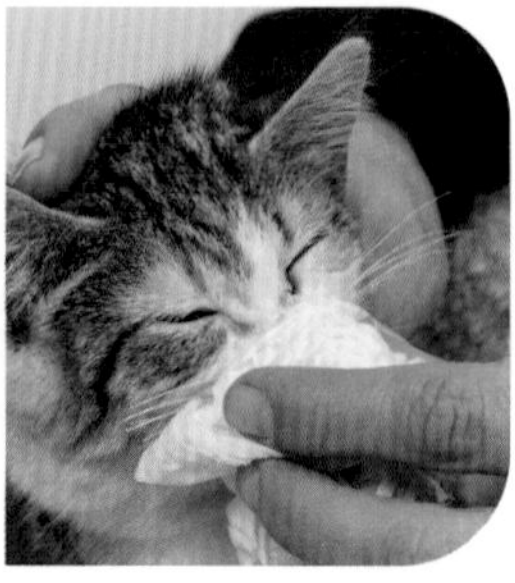

酸素室のレンタルもある

呼吸困難の緩和に酸素室をレンタルする方法もあります。猫の症状によって必要の有無が異なるため、まずはかかりつけの獣医師に相談を。

＊商品お問合せ先はP.015

排泄の介助

便秘ならおなかを優しくマッサージ

高齢猫は便秘になりがち。「の」の字を描くようにおなかをなでて排便を促します。無糖ヨーグルトを小さじ1杯与えるのもよし。

寝たきりで垂れ流しならペットシーツ

ペットシーツで排泄物を受け止めます。おしりが汚れてしまうので、拭いたりおしりだけ洗ったりして清潔を保ちます。

あちこちに排泄してしまうならオムツを着ける

排泄のコントロールができなくなった猫にはペット用おむつを着けても。1日数回交換します。猫用おむつカバーも市販されています。

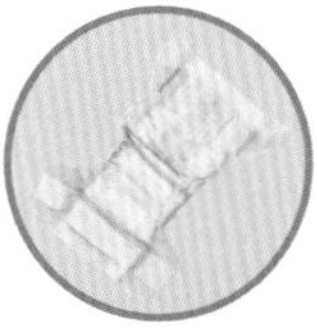

ペット用おむつのほか、人間の赤ちゃん用おむつにしっぽの穴を開けたものも利用できます。

徘徊する猫はサークルに入れても

認知症の徘徊では思わぬところに入り込んでしまうなどの危険があります。外出中はサークルなどに入れると安心です。柔らかい素材のサークルならぶつかってケガする心配もありません。

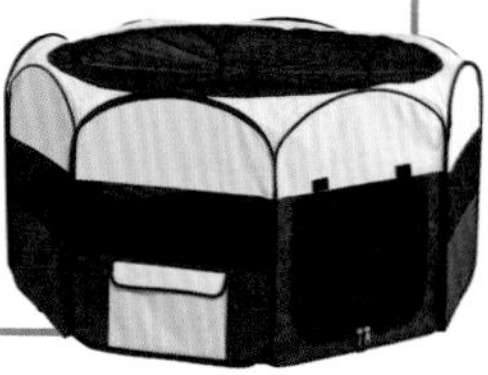

自力で排泄できないときは

下半身麻痺などの場合、膀胱を圧迫して排尿させたり、浣腸で排便を促すことも。自宅で飼い主さんができるよう、獣医師に指導してもらいます。

看取り

猫の看取りと見送り方

いつかやってくる看取り。しっかり考え、後悔のない看取りをしたいものです。

猫の看取りは最後のお世話

そのときが近づいたら、どこで最期を迎えるか考えましょう。設備が整っている動物病院か、家族で見守れる自宅か。苦痛をやわらげる薬や点滴をもらえるなら、自宅のほうが猫も安心できるかもしれません。可能な限り猫に寄り添い、優しくなでて最後のお世話をしてあげましょう。

愛猫の苦痛が続く場合は安楽死を選ぶこともできます。ただ、重大な決断ですから慎重に考える必要があります。かかりつけの獣医師とよく相談しましょう。

臨終が近いとき

心拍数の変化

1分あたり120〜180回が正常。臨終間際になると多くはゆっくりとした心拍になります。心臓病だと逆に速くなります。

呼吸の変化

臨終まで数時間になると、呼吸が浅く速く、もしくは深くゆっくりになります。

けいれん

亡くなる間際はビクビクッとけいれんを起こすことが多いです。

嘔吐

嘔吐の瞬間に心拍数が下がり、そのまま臨終を迎えることも多いです。嘔吐のあとはしばらく見守りましょう。

意識を失う

名前を呼んだり体を軽くたたいたりしても反応がないのは意識不明の状態。意識を失うのが初めての場合は臨終が近いです。

遺体の安置

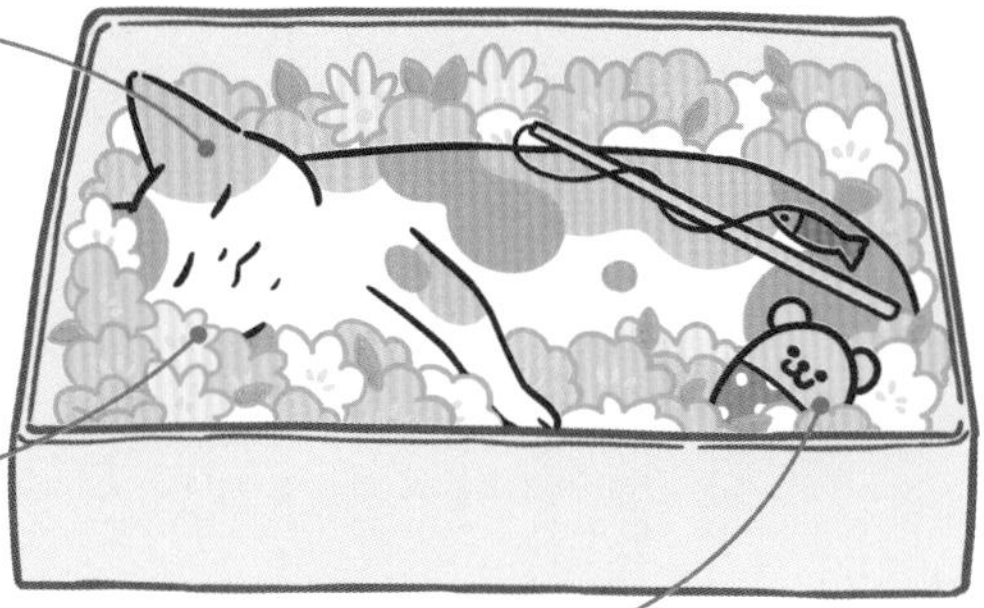

体を清める

とくに顔やおしりは体液で汚れていることがあります。全身をきれいに拭いて送り出してあげましょう。

夏場は保冷剤

夏場は腐敗を防ぐため保冷剤を遺体の下や横に置き、涼しい場所に安置します。何日も置かずなるべく早く葬儀を行います。

思い出の品など

愛猫が好きだったおもちゃやおやつなどをいっしょに棺に入れてあげましょう。ただし火葬の場合、燃やせない金属などは入れられません。棺も燃やせる素材にするとよいでしょう。

ペットロスの癒し方

しばらくは悲しみに沈んで当然。愛猫の写真を整理したり、家族で思い出を語り合ったりして気持ちを整理しましょう。ペットとくらしている友人に話を聞いてもらうのもよい方法。早く立ち直ろうと急ぐ必要はありません。ただ、食欲がなく痩せていく、胃痛や頭痛が続く、睡眠障害が続くなどの場合は、心理カウンセリングを受けたり心療内科を受診してください。

葬り方

パターン 1 自宅の敷地に埋葬

私有地の庭があれば埋葬もできます。穴が浅いとカラスなどに掘り返される恐れがあるので、30cm以上深く掘って埋めます。

パターン 2 自治体や民間業者で火葬

費用が最も安いのは自治体。火葬方法は自治体によって異なるので調べましょう。民間業者は葬儀や納骨まで行うところもあり費用もさまざま。あらかじめよく調べておき、納得できる業者を選びましょう。

万一の備え

自分に何かあったときの備え

猫より先に自分が亡くなることも、ないとはいえません。対策を考えておきましょう。

自分が死んだあとも猫の命を守る

不慮の事故や急死は誰にでも起こりえます。万一のとき、残された猫が路頭に迷わないためのシステムを用意しておくことは最大の愛情。とくに高齢の飼い主さんやひとりぐらしの人は備える必要があるでしょう。

死亡以外にも急遽入院することになった、事故で帰れなくなったなど、ヘルプが急に必要になることがあるかもしれません。信頼できる親戚や友人に自宅の合鍵を渡しておき、いざというときは猫のお世話を頼めると安心です。

いざというときに頼れる人を見つける

「家族がいるから大丈夫」で終わらない

故人のペットを親族が引き受けず、保健所送りにするのは残念ながらよくある話。愛猫を頼みたい人ときちんと話し合ったうえ、遺言書などの書面で残しておきます。

頼れる人が見つからないときは…

老猫ホームや保護団体と契約

猫を頼める親族や知人がいないときは、老猫ホームや猫の保護団体と契約するのも手。施設を見学して信頼できるところを探し、条件・費用等をよく確認して契約しましょう。

遺言書や信託契約書を作る

遺言書

自分の死後、愛猫を頼む人を明記。飼育費用としてその人に財産を多く分配する旨を記載します。自筆の遺言書より公証人が確認する「公正証書遺言書」が不備が少なくおすすめ。

信託契約書

入院や認知症、介護施設への入所など、死亡時以外にも使えるのが「信託契約書」。専用口座に猫の飼育費用を貯めておき、いざというときは猫を頼む人に渡す契約を作ります。

万一のとき、飼い主さんにはもう意識がないかも…。元気なときに準備をしておくのが大切だよ

「緊急連絡カード」を携帯する

表

緊急連絡カード

家に大事な飼い猫がいます。もし私の身に何かありましたら裏の緊急連絡先まで連絡をお願いします。

飼い主氏名	西田ナナコ
電話番号	03-0000-0000 080-0000-0000
住所	東京都○○区○○町1-2-3
かかりつけ動物病院	ニェルフ動物病院 03 0000-0000

裏

緊急連絡先

以下の連絡先に連絡をお願いします。
(事前に了承を取っています)

氏名	西田モモコ
私との関係	妹
電話番号	03-0000-0000 090-0000-0000
住所	埼玉県○○市○○町 4-5-6

出先で事故などに遭い意識不明になった場合、家にいる猫の存在に誰も気づかないまま時間が過ぎてしまうことがあります。このカードはそういった事態を防ぐためのもの。愛猫を頼む人の連絡先を記入しておきます。

市販品もあるし、無料でダウンロードできるテンプレートもあるよ。財布に入れるなどして身に着けて。頼んだ人が猫のお世話に困らないよう、猫の情報を記入した健康手帳も必要だよ

→P.206
愛猫の健康手帳

小さな異変を見逃さないで！

猫がなりやすい病気

猫は痛みやつらさを隠そうとするので、気づいたときには
すでに深刻な病状となってしまっていることも。
猫の代表的な病気を覚えて、予防や早期発見に役立ててください。

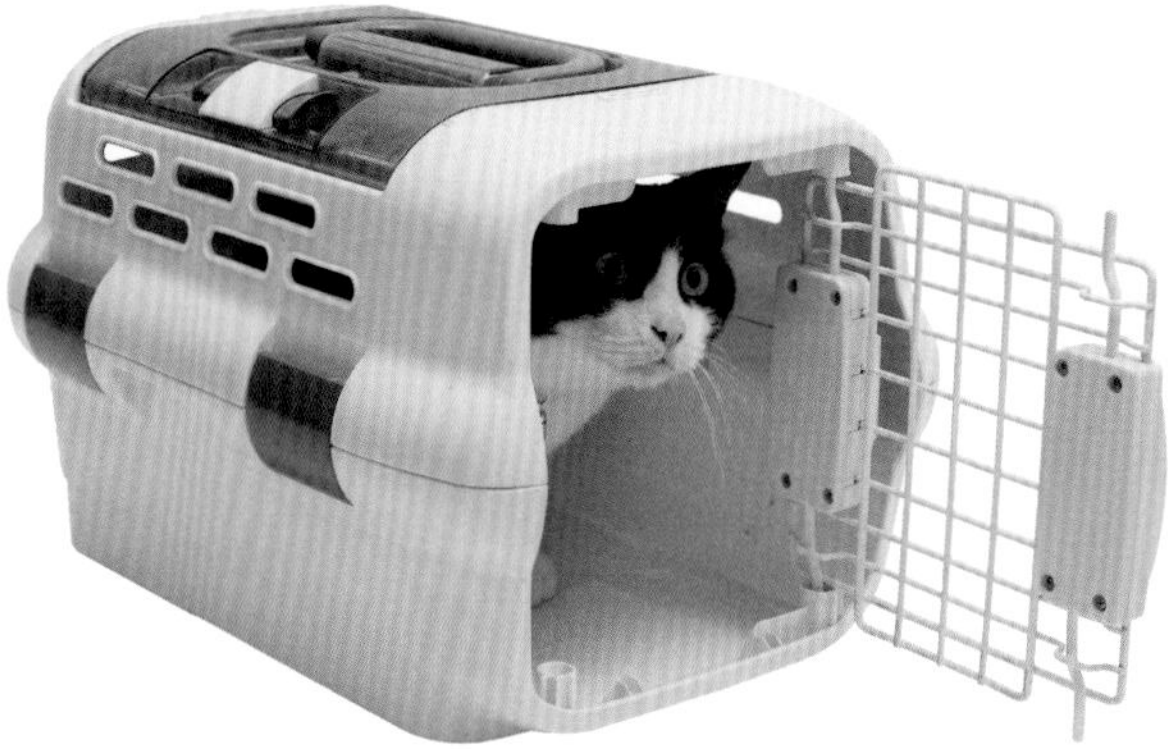

年をとるとかかる病気にも備えよう

愛猫とずっといっしょにくらすということは、年を重ねていく姿をそばで見守っていくということ。そして高齢になれば、慢性腎臓病やがんなど、猫の代表的な死因となっている病気にもかかりやすくなります。病気の兆候にいち早く気づけるように、愛猫の体や行動を日々観察する習慣をつけましょう。

アイコンの見方

- 高齢期にかかりやすい病気
- ワクチンで予防できる病気

感染症

➔P.204　猫も人も感染する病気

猫カリシウイルス感染症（猫カゼ）

重い症状が出ることがある「猫カゼ」

おもな症状：猫ウイルス性鼻気管炎と同様のカゼ症状。さらにウイルスの型により、口の中に潰瘍ができてよだれが出たり、肺炎を起こしたりします。致死率が高い型もあります。

原因・対策：感染猫の鼻水や唾液に含まれるウイルスは1か月以上感染力をもつので、同居猫に伝染しやすいです。対症療法のほか、インターフェロン等の薬で治療します。

猫ウイルス性鼻《び》気《き》管炎《かんえん》（猫カゼ）

人のカゼに似た症状の「猫カゼ」

おもな症状：鼻水やくしゃみ、せき、涙目、発熱、食欲不振など。治療をすれば発症から1週間ほどで回復することが多いですが、免疫力が低い子猫や高齢猫は長引くことも。

原因・対策：猫ヘルペスウイルスをもつ猫の唾液や鼻水から感染。治療は抗ウイルス薬の投与や対症療法などです。免疫力低下で再発するので、ストレスフリーな環境を整えます。

猫《ねこ》汎《はん》白《はっ》血球《けっきゅう》減少症《げんしょうしょう》

感染力も症状も最強レベル

おもな症状：数日の潜伏期間を経て、腸に炎症が起こり、白血球が急激に減少します。嘔吐や下痢で脱水して衰弱し、とくに感染した子猫の多くが命を落とす怖い病気です。

原因・対策：病原体である猫パルボウイルスは感染力が強く、外で感染猫と接した人や服や靴について室内にもち込まれます。定期的なワクチン接種による予防がとても大事。

猫白血病《ねこはっけつびょう》ウイルス(FeLV)感染症

感染が続くと、命に関わる

おもな症状：初期に発熱やリンパ節の腫れが見られますが、一過性で治ってしまうことも。しかし子猫は持続感染しやすく、その場合、白血病やリンパ腫を発症することがあります。

原因・対策：感染して生まれるほか、母乳やなめ合い、器の共有でもうつります。持続感染したら免疫力を高める食事と環境作りを。リンパ腫の発症後は抗がん剤等で治療します。

猫免疫《ねこめんえき》不《ふ》全《ぜん》ウイルス(FIV)感染症

「発症せずに長生き」も珍しくない

おもな症状：進行すると、人のエイズのように口内炎や腫瘍、体重減少を起こし、最終的に命を落とします。ただし実際、無症状のまま平均的な寿命を迎える猫がたくさんいます。

原因・対策：ほとんどは感染猫からの噛み傷が原因なので、最大の予防は室内飼いです。感染猫を迎えたら、免疫力を落とさないように安心して過ごせる環境作りを。

猫伝染性腹膜炎《ねこでんせんせいふくまくえん》(FIP)

発症から数か月以内に命を落とす

おもな症状：胸水や腹水が溜まって呼吸困難になるウエットタイプと、目や神経などに異常を起こすドライタイプがあり、併発することも。手が施せない病気とされてきました。

原因・対策：体内の猫コロナウイルスが突然変異して強い病原性をもつと考えられ、いまも研究が続いています。ワクチンはありませんが、新しい治療法がわかりつつあります。

感染症予防のための基本の対策

- 完全室内飼い
- ワクチン接種
- ストレスの少ない環境作り

猫カゼが原因でなりやすい呼吸器の病気

鼻炎、副鼻腔炎：鼻水やくしゃみのほか、鼻詰まりから食欲不振につながります。アレルギー等が原因となることも。

気管支炎、肺炎：猫カゼをこじらせて気管支炎になると、渇いたせきや発熱などが見られます。炎症が肺に達すると、呼吸困難を起こして危険。一刻も早い治療が必要です。

顔まわりの病気

高齢期に
かかりやすい病気

結膜炎《けつまくえん》、角膜炎《かくまくえん》

感染症やケンカ傷がおもな原因

おもな症状：結膜炎…まぶたの裏が腫れ、涙や目ヤニが出て目が開きにくくなります。角膜炎…目の表面を覆う膜が傷ついて炎症し、失明することも。痛くてしきりに瞬きします。

原因・対策：猫カゼなどの感染症やケンカの傷、アレルギーがおもな原因。抗生剤や消炎剤などの目薬を使用し、必要に応じて投薬も。原因となっている病気も治療します。

外耳炎《がいじえん》

湿気が高くなると、悪化しやすい

おもな症状：耳の外側からのぞける範囲に炎症が起こります。耳垢や液状の耳だれが増えたり、におったりします。強いかゆみを伴うと、しきりに耳をかく様子も見られます。

原因・対策：細菌や真菌、耳ダニ、アレルギー、湿気など原因はさまざま。湿度の高い季節は要注意です。炎症が起きたら洗浄後に抗生剤を使用し、原因に応じた治療もします。

歯周病《ししゅうびょう》

猫の口の中の病気で一番多い

おもな症状：歯肉などの歯周組織が腫れ、赤みや出血、痛みによる食欲不振、歯のぐらつきが起こります。口内の細菌が体へと運ばれ、腎臓病リスクを高めるともいわれています。

原因・対策：歯垢や歯石中の細菌が原因となるので、予防には歯磨きが効果的。重度の歯周病では、全身麻酔による歯石除去や抜歯による治療が必要となることがあります。

口内炎《こうないえん》

強い痛みで、食欲が落ちやすい

おもな症状：口の中の表面や舌の粘膜に炎症が起きます。わかりやすいサインは、よだれや口臭、食欲不振。強い痛みを伴うので、元気がなくなり、体重減少にもつながります。

原因・対策：感染症の再燃、歯周病、ストレスや糖尿病による免疫力の低下など、原因はさまざま。治療は抗生剤や抗炎症剤などを使用し、関係している病気の治療も行います。

皮膚の病気

→P.204　疥癬《かいせん》、ノミ刺咬症《しこうしょう》　→P.205　猫皮膚糸状菌症《ねこひふしじょうきんしょう》

アレルギー性皮膚炎《せいひふえん》

食事のほかノミやアトピーも原因に

おもな症状：アレルギーの原因物質に免疫が過剰に反応して起こる皮膚炎。強いかゆみを起こし、何度もなめる様子や脱毛が見られます。食物アレルギーでは嘔吐や下痢なども。

原因・対策：タンパク質、ノミの唾液、アトピーなどが原因。治療は原因の除去と症状の緩和。食事が原因なら、アレルギー対応食へ切り替えます。駆虫薬も定期的に投与を。

痤瘡《ざそう》

いわゆる「あごニキビ」

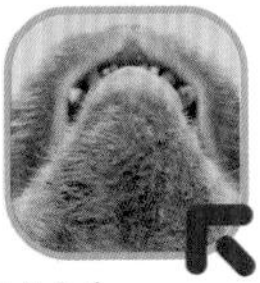

おもな症状：人でいうニキビで、口まわりやあご下に黒いポツポツが現れます。細菌感染すると、赤く腫れ、脱毛することも。

原因・対策：皮脂の過剰分泌や皮脂腺の詰まりが原因で、体質やストレスも関係します。できてしまったら消毒や薬用シャンプーで清潔にし、悪化したら抗生剤等を使用します。

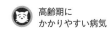

泌尿器の病気

膀胱炎《ぼうこうえん》

ストレスが関わることが多い

おもな症状：　膀胱に炎症が起きて、オシッコに血が混じります。何度もトイレに行ったり、痛くてトイレでつらそうに鳴いたりする様子から気づくこともあります。

原因・対策：細菌性のものより、原因がはっきりしない特発性膀胱炎が多く、強いストレスが引き金と考えられています。特発性の場合は、環境作りと対症療法で対応します。

シュウ酸カルシウムの結石

尿石症《にょうせきしょう》

溶けないタイプの結石が増加中

おもな症状：腎臓や尿管、膀胱、尿道に石ができて、オシッコの際に痛みが出たり、血が混じったりします。最悪、尿道が閉塞してオシッコが出せなくなることも。

原因・対策：原因は食事の種類や遺伝など。石を溶かす食事療法は、最近多いシュウ酸カルシウムの結石には効かないため、結石を取り出す外科手術を行うことがあります。

泌尿器の病気予防には
新鮮な水をたっぷり用意

慢性腎臓病《まんせいじんぞうびょう》

かかるつもりで定期的な検査を

おもな症状：猫の代表的な死因のひとつ。飲水量やオシッコの量が増え、しだいに嘔吐や食欲不振、脱水が見られます。尿毒素が体を巡ると、けいれんを起こし危険な状態に。

原因・対策：加齢に伴い、腎臓機能は低下していきます。定期的に血液検査を受け、兆候があれば治療を。進行を遅らせるため、食事療法や治療薬の投与、輸液などを行います。

心臓・循環器の病気

心筋症《しんきんしょう》

猫では肥大型心筋症が多い

おもな症状：心臓の血液を循環させる機能が低下して、体に酸素が行き届きにくい状態に。胸水や腹水、呼吸困難などを起こします。肺水腫や血栓ができると、命に関わります。

原因・対策：心臓の筋肉（心筋）に異常が起こるため。猫は心筋が内側に厚くなる肥大型心筋症が多く、遺伝も関係します。薬で症状を緩和させたり、酸素室で呼吸を楽にします。

高血圧症《こうけつあつしょう》

臓器障害を引き起こすサイレントキラー

おもな症状：血圧の上昇はさまざまな臓器に悪影響を及ぼし、高血圧の猫の74%が慢性腎臓病という報告も。甲状腺機能亢進症や糖尿病とも関連があるとわかってきています。

原因・対策：動物専用の血圧計で計測できます。自宅になければ、動物病院で定期的に計測をしてもらうといいでしょう。高血圧症の改善を目的とした猫用の治療薬もあります。

消化器や肝臓の病気

高齢期にかかりやすい病気

巨大結腸症《きょだいけっちょうしょう》

ひどい便秘で、大腸が異常に広がる

おもな症状：ウンチが出ない状態が続いた結果、結腸（大腸）が膨れて伸びてしまった状態。ぜん動運動が衰えて、さらにひどい便秘になります。食欲不振や嘔吐、体重減少なども。

原因・対策：水分や栄養不足等のほか、腸の腫瘍や骨盤骨折などで物理的に排便ができないことも。治療は下剤や浣腸を使ったり、手でかき出したりしますが、手術を行うことも。

膵炎《すいえん》

高齢になると、慢性化しやすい

おもな症状：嘔吐や下痢、食欲不振、腹痛などが起こり、絶食が続くと脂肪肝の危険もあります。慢性膵炎は高齢猫に多く、糖尿病を併発しやすいです。

原因・対策：分泌された消化酵素が、何らかの原因で膵臓自体を“消化”してしまい、膵臓に炎症が起こります。特効薬はなく、治療は吐き気や腹痛の緩和、栄養補給などです。

毛球症《もうきゅうしょう》

毛の塊が、腸にはまると一大事

おもな症状：胃腸に溜まった毛が塊になってしまい、吐きたくても吐けず、排泄もできず、腹痛や食欲不振が起きます。塊が腸にすっぽりはまって、腸閉塞を起こしてしまうことも。

原因・対策：毛づくろいで飲み込む毛が原因なので、ブラッシングで予防を。治療は毛玉除去剤を使用しますが、大きい・硬い塊では、内視鏡や外科手術が必要なこともあります。

脂肪肝《しぼうかん》（肝リピドーシス）

絶食が続くと、肝臓にダメージ

おもな症状：肝臓に過剰な脂肪が溜まり、機能しなくなった状態。嘔吐や下痢、食欲不振が見られます。悪化すると黄疸や、けいれんなどの神経症状が見られ、命にも関わります。

原因・対策：とくに太った猫が食べられない状態になると発症しやすいので、日ごろから肥満対策を。治療は強制的に流動食を与える、点滴を打つなどして栄養を補給します。

内分泌の病気

甲状腺機能亢進症《こうじょうせんきのうこうしんしょう》

「ますます元気な高齢猫」は病気かも

おもな症状：落ち着きがなくなり攻撃的になる、多飲多尿、よく食べるのに痩せるなど。高齢猫が急に元気になったように見えて、じつは体に大きな負担がかかった状態。

原因・対策：代謝を活発にするホルモンの分泌過剰が原因。甲状腺の働きを抑える薬を使って治療します。甲状腺を取り出す外科手術が必要となることもあります。

糖尿病《とうにょうびょう》

ぽっちゃり傾向な猫の現代病

おもな症状：血糖値を下げるホルモンがうまく働かずに高血糖に。多飲多尿のほか、進行すると嘔吐や下痢、食欲不振を起こします。かかとを床につけて歩くことも。

原因・対策：現代人と同じく、肥満傾向が原因のひとつなので、適正な体重管理で予防を。かかったら食事療法や、病状に応じて行うインスリン注射等で、血糖値を管理します。

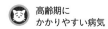

がん（悪性腫瘍）

乳《にゅう》がん

生後半年までの避妊手術で予防を

おもな症状：　乳腺にしこりができたら、その８割は乳がん。進行すると、しこりの自壊や、リンパ節や肺などへの転移で回復が難しくなります。かかる猫の99%はメス。

原因・対策：生後６か月までの避妊手術で、予防効果が大幅UP。早期発見のため、日々のスキンシップでおっぱいにしこりがないか観察を。治療は外科手術による切除が基本。

リンパ腫《しゅ》

喫煙者がいると、かかりやすい

おもな症状：最近とくに多いのは、消化器にできて嘔吐や下痢などを起こす型です。そのつぎに多いのが鼻にできる型で、鼻水や鼻血、鼻の上の腫れで気づくことがあります。

原因・対策：受動喫煙がリンパ腫のリスクを高めるので禁煙を。若い猫に多いリンパ腫の予防には、猫白血病ウイルスの感染対策が重要です。おもな治療は、抗がん剤の使用。

扁平上皮《へんぺいじょうひ》がん

口の中にできるがんで、最も多い

おもな症状：顔の皮膚に治らないかさぶたができたり、口の中に局所的な炎症が見られ、進行すると下あごが変形することもあります。出血と痛みで食べられず、体重が落ちます。

原因・対策：紫外線が関係し、白い毛色の猫にかかりやすい傾向があります。抗がん剤も効きにくく、外科手術の難易度も高いがんです。炎症が小さいうちに見つけて受診を。

肥満細胞腫《ひまんさいぼうしゅ》

太っているかどうかは関係なし

おもな症状：アレルギーや炎症反応に関わる肥満細胞が腫瘍になり、皮膚にイボやしこりができます。内臓（おもに脾臓）にできる型もあり、食欲不振や呼吸困難を起こします。

原因・対策：原因は不明。皮膚のがんは転移がなければ切除しやすいので、できものを見逃さないで。脾臓のがんは摘出手術をします。がん細胞を狙い撃つ分子標的薬を使うことも。

注射部位肉腫《ちゅうしゃぶいにくしゅ》

注射を打った部位から大きく広がる

おもな症状：ワクチンやその他の注射を打った箇所に大きくできるがんで、肺やリンパ節に転移することも。再発しやすいですが、上の４つのがんほど発生率は高くありません。

原因・対策：直近だけでなく、10年前に打った注射が原因となることもあるので、注射を打った部位を記録しておきます。がんが大きくなると切除が難しいので早期発見が大切。

体重減少はがんの
わかりやすいサインのひとつ

お互いの健康のために知っておこう

猫も人も感染する病気

人と動物に共通する感染症は「人獣共通感染症《じんじゅうきょうつうかんせんしょう》」「ズーノーシス」と呼ばれ、
なかには猫から人にうつるものもあります。
過剰に怖がったりせず、基本的な対策を心がけましょう。

! 人獣共通感染症を予防する基本の対策

免疫力が低い人や子ども、高齢者はとくに注意

1. 猫の口にキスをしない
2. 猫のベッドやケージなどの居場所は清潔に
3. 排泄物は早めに処理し、処理後は手を洗って消毒する
4. 寄生虫の駆除薬を定期的に使用する
5. 猫に傷つけられたらすぐに患部を洗い流し、痛みがあれば受診する
6. 砂遊びや庭いじり後や感染がわからない猫にふれたあとはよく手を洗う
7. 治療ができる病気は、治療を受けさせる
8. 生肉を食べない

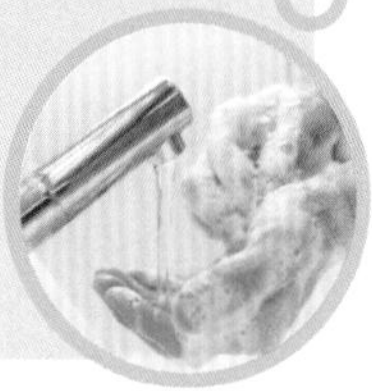

病原体：体の外につく寄生虫

疥癬《かいせん》

ヒゼンダニが猫の皮膚を掘り進んで寄生し、激しいかゆみを起こします。耳から始まって、顔全体、首や体まで広がることも。感染猫と器やブラシを共有した猫にもうつります。

人への感染：感染力が強いので、寄生された猫とのスキンシップでうつります。

ノミ刺咬症《しこうしょう》

ネコノミが猫の体に寄生し、吸血の刺激で強いかゆみを引き起こします。

人への感染：ノミは人の血も吸って、皮膚炎を起こします。

TOPICS

マダニが媒介する怖い感染症が西から東へ拡大中

SFTSウイルスをもつマダニに噛まれてうつる人獣共通感染症「SFTS（重症熱性血小板減少症候群）」による被害が、日本では西から東へ向かって拡大しています。人に感染した場合の致死率は10～30％と高く、とくに高齢者が命を落としています。人が野山へ入ったら、帰宅前に服や靴にマダニがついていないか確認を。感染猫に噛まれることでも、人に感染します。寄生虫駆除薬は、マダニの予防効果があるものを選ぶと安心。

病原体：カビ

猫《ねこ》皮《ひ》膚《ふ》糸《し》状《じょう》菌《きん》症《しょう》（真《しん》菌《きん》症《しょう》）

皮膚や毛にカビが感染する病気で、とくに耳や足に赤みや脱毛が見られます。とくに悪化しやすいのは、免疫力が低い子猫。抗真菌剤による治療を行い、環境を清潔にします。

人への感染：感染猫にふれなくても抜け毛やフケからうつり、発疹やかゆみを起こします。

病原体：目に見えない虫（原虫）

トキソプラズマ症

トキソプラズマを宿したネズミの捕食や、感染猫のウンチから感染。症状は食欲不振など。

人への感染：感染猫のウンチを介して目や口からうつります。女性が妊娠初期に初感染すると胎児の感染や流産を起こすことがありますが、怖がって猫を手放す必要はありません。猫のトイレ掃除を家族に代わってもらって清潔を保ち、鳥刺しや加熱不十分な豚などの肉、庭いじりは避けましょう。

ジアルジア症

猫が集団でくらすと広まりやすい傾向。子猫は、食欲不振や下痢を起こすことがあります。

人への感染：猫からうつるかは不明。汚染された食品や飲料を海外で口にした帰国者から確認されています。おもな症状は下痢。

腸トリコモナス症

原虫が腸に寄生。子猫は脱水するほどの激しい下痢、血の混じった下痢を引き起こします。

人への感染：猫のウンチから感染する可能性がありますが、ほとんどは無症状です。

病原体：細菌

パスツレラ症

パスツレラ菌は、健康な猫の口の中にもいます。基本的には無症状です。

人への感染：猫に噛まれて感染しますが、通常は無症状。免疫力が低下していると、患部の腫れや化膿、呼吸器への影響があります。最悪の場合、敗血症や骨髄炎にかかることも。

バルトネラ症（猫ひっかき病）

ノミから猫へうつります。猫はほぼ無症状。

人への感染：バルトネラ菌をもつ猫に噛まれたり、引っかかれたりして感染。傷口に膿や水疱ができ、その後、発熱やリンパ節の腫れが見られます。脳炎を起こす危険も。

病原体：体に入り込む寄生虫

回《かい》虫《ちゅう》症《しょう》

白いひも状の虫が寄生する病気。卵を口にするか、母猫の母乳から感染します。子猫は嘔吐や下痢、発育不良を起こすことがあります。

人への感染：砂遊びやニワトリのレバーの生食などから。幼虫が肺に達するとせきや喘息、目に達すると失明、脳に達するとけいれんを起こす危険があります。

条《じょう》虫《ちゅう》症《しょう》

細長くて平べったい虫、通称「サナダムシ」が寄生する病気。多く寄生すると、食欲不振や嘔吐、下痢を起こします。

人への感染：感染猫のウンチ処理中やノミを潰した際に手についた卵を口から入れてしまうことがあります。症状は軽いか無症状です。

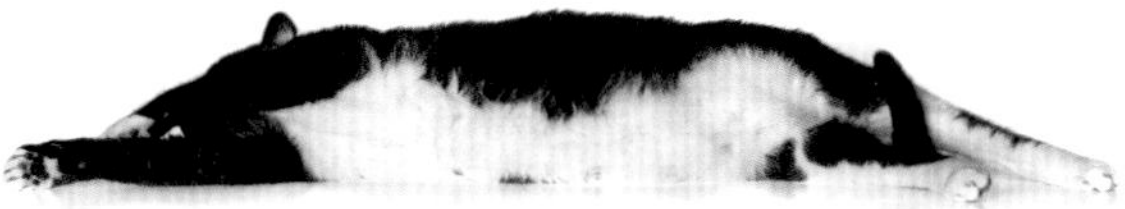

愛猫の健康手帳

災害時や自分が入院するときなど、誰かに猫をあずけるときには猫の健康データやふだんのお世話のしかたを伝える必要があります。記入したものを非常用持ち出し袋に入れておいたり、スマホに画像を残しておきましょう。

猫の名前	♂・♀

猫の顔・毛柄・しっぽの特徴がわかる写真をここに貼りましょう

猫種		誕生日	年　月　日
毛柄		しっぽ	

身元表示	首輪	あり　／　なし （特徴　　　）
	迷子札	あり　／　なし （特徴　　　）
	マイクロチップ	あり　／　なし （番号　　　）
健康管理	去勢・避妊手術 未／済	手術日　年　月　日
	ワクチン接種 未／済	最終接種日　年　月　日 ワクチンの種類　（　　　）

※コピーしてお使いください。

食事	ふだんのフード	
	食事の回数	量
持病	猫エイズ 陰性 ／ 陽性	猫白血病 陰性 ／ 陽性
	その他持病	
	持病の薬（薬の名前、投薬の量・回数等）	
飼い主	名前	
	住所	
	電話番号	Mail
かかりつけ動物病院	病院名	
	電話番号	
	住所	
	診療時間	休診日

この本はこんな人たちが作ったよ!

STAFF
撮影|
横山君絵、宮本亜沙奈
写真|
Getty Images、
Uwe Gille、Kalumet、
的場千賀子、ひろきち、
ごまちゃん@goma_bsh
編集・文|
富田園子、本木文恵
デザイン・DTP|
細山田デザイン事務所
マンガ作画協力|
山本あり

SPECIAL THANKS
猫専用ホテル&猫専門サロン
ねこべや東京
https://www.nekobeya.jp/

監修 服部《はっとり》 幸《ゆき》
獣医師、東京猫医療センター院長、ねこ医学会(JSFM)副会長。2013年、国際猫医学会からアジアで2件目となるキャットフレンドリークリニックのゴールドレベルに認定される。著書に『猫の寿命をあと2年のばすために』(トランスワールドジャパン)、『ニャンでかな? 世界一楽しく猫の気持ちを学ぶ本』(宝島社) など。
https://tokyofmc.jp/

マンガ・イラスト 卵山玉子《たまごやまたまこ》
猫好きのマンガ家。トンちゃん、シノさん含め5匹の猫とくらしている。著書に『うちの猫がまた変なことしてる。』(KADOKAWA)、『ネコちゃんのイヌネコ終活塾』(WAVE出版) など。
https://ameblo.jp/tamagoyamatamako

猫《ねこ》とくらそう
世界一《せかいいち》わかりやすい猫飼《ねこか》いスタートブック

2024年6月25日発行 第1版

監修者 服部 幸
著 者 卵山玉子
発行者 若松和紀
発行所 株式会社 西東社
〒113-0034 東京都文京区湯島2-3-13
https://www.seitosha.co.jp/
電話 03-5800-3120(代)
※本書に記載のない内容のご質問や著者等の連絡先につきましては、お答えできかねます。

ISBN 978-4-7916-3212-1